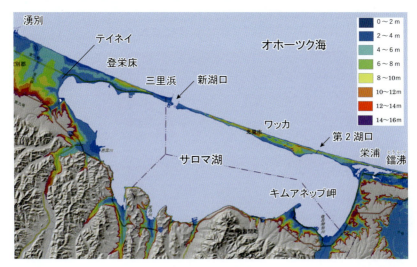

第1章 **日本一長いサロマ湖の砂州**（地理院地図＞陰影起伏図＋色別標高図に加筆）一般に砂州は、「砂礫が堆積した細長い微高地」と説明されるが、サロマ湖の砂州は大部分が標高5 m以上で、とくに三里浜付近とワッカ周辺は標高10 m前後の台地状の地形で、標高16 mに達する砂丘も見られる。この日本一長い砂州は、いつどのように作られたのだろうか？

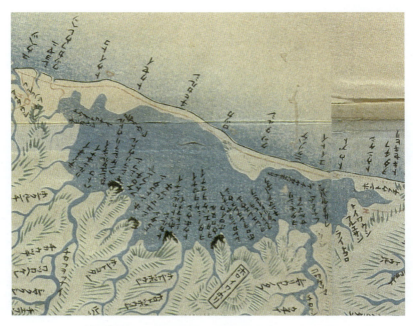

第2章 **「東西蝦夷山川地理取調図」（松浦武四郎、安政6年）に描かれたサロマ湖**（復刻版、1983）江戸時代末に作成された絵図のサロマ湖を見ると、人家もない砂州上の16カ所にアイヌ語の地名が付されている。当時のアイヌの人々は、それぞれの場所にいったいどのような意味を込めて、これらの地名を付けたのだろうか？

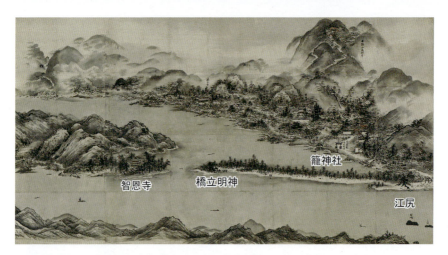

第3章　**天橋立図**（雪舟筆、京都国立博物館蔵、地名・寺社名を加筆）今から約500年前に描かれたこの水墨画では、砂州は江尻から橋立明神付近まで約2kmしかなく、対岸の知恩寺との間は300mほど離れ、南側の小天橋砂州は描かれていない。天橋立は、いつどのように現在のような延長3.6kmの砂州に育ったのだろうか？

第3章　**天橋立南側の高台からの「飛龍観」**（2022年9月30日筆者撮影）江戸時代前期以降、砂州北側に位置する笠松公園からの波静かな阿蘇海を見下ろす景観が愛でられてきたが、近年は南側からの「飛龍観」が人気である。その龍の背鰭に見立てられる大きく波打つ砂浜は、どのようにして出現した地形なのだろうか？

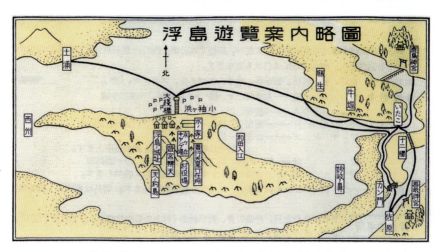

戦前の旅行パンフレットに描かれた「浮島遊覧案内略図」（霞ヶ浦河川事務所より提供）かつて霞ヶ浦南部の桜川村には、周囲16.5 km、面積6.3 km²の浮島と呼ばれる島があった。北岸の小袖ケ浜にはバンガローを備えた湖水浴場があり、西岸の土浦や東岸の麻生、潮来、さらに鹿島神宮や香取神宮と結ぶ航路もあった。この浮島と賑わった湖水浴場は、その後どうなったのだろうか？

昭和40年代の霞ヶ浦南東岸の天王崎（霞ヶ浦河川事務所より提供）霞ヶ浦には小袖ケ浜をはじめ、対岸の天王崎や北岸の出島地区・歩崎など、1960年代半ば頃まで12カ所の湖水浴場があった。その湖岸沖合には、いずれも水深0.5〜2 mで砂地の平坦な浅場が広がっていた。なぜ霞ヶ浦には、そのような湖水浴に適した地形が、多くの湖岸に広がっていたのだろうか？

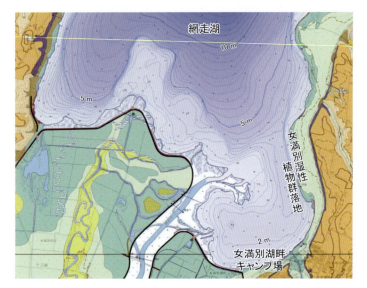

網走川がつくる鳥趾状三角州（地理院地図＞治水地形分類図に加筆）網走湖に注ぐ網走川の河口は、分岐した流路に沿ってその先端が鳥の趾状に湖中に突出し、南側や北西側の湖岸にもそれと似た地形が見られる。網走川の三角州は、なぜこのように全体として水際線が屈曲に富む三角州（鳥趾状三角州）となっているのだろうか？

第7章

第9章

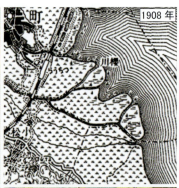

霞ヶ浦土浦入りに注ぐ桜川の三角州の変化（①2万分の1フランス式彩色地図 農研機構農業環境研究部門 歴史的農業環境閲覧システムより、②1908年発行5万分の1地形図、③1947年発行5万分の1地形図、④地理院地図＞治水地形分類図）桜川は、かつては土浦城下の南方で2筋に分かれ、さらに霞ヶ浦に注ぐ手前で再び分岐し、それぞれの河口が湖に突き出した鳥趾状三角州を作っていた。現在ではその大部分が市街地に変化しているが、災害に対する備えは十分なのだろうか？

湖の地形学

‖海跡湖の起源と
ヒューマンインパクト‖　　平井幸弘 著

古今書院

Geomorphology of Coastal Lagoons in Japan
-Their Origin and Human Impacts-

HIRAI Yukihiro

Kokon Shoin, Publisher, Tokyo

はじめに

　現在日本には、面積 1 ha 以上の自然の湖沼が 478 湖あるとされる[1]。その
うち、比較的面積が大きな湖は、北海道、東北および南九州の火山地帯と、オ
ホーツク海沿岸、北関東、そして日本海沿岸に多く見られる。前者は、摩周湖
や十和田湖、田沢湖など、火山活動によってできたカルデラや火口などを起源
とする湖（カルデラ湖や火口湖）で、後者はサロマ湖や旧八郎潟、中海・宍道
湖など、海岸平野に位置し湖と海とが砂州などによって隔てられ、狭い水路で
海とつながっている湖で、海跡湖（または潟湖）と呼ばれる。本書は、この海
跡湖が主題である。

　日本にある海跡湖は、相対的に面積の大きいものが多く、面積上位 50 湖沼
のうち海跡湖が 31 湖沼を占める。その湖水は、淡水と海水が混じった汽水と
なっている場合が多く、そのため生物多様性にも富み、古くからそれぞれ地域
の人々にとって水産資源をはじめ多くの恵みもたらしてきた。しかし近年、と
くに高度経済成長期を経た 1970 年代以降、海跡湖の湖岸では大規模な干拓事
業や都市的土地利用のための埋め立て、あるいは洪水対策・水資源開発を目的
とした湖岸堤防の建設、そして湖水の人為的な水質・水位の制御・管理などが
行われるようになった[2]。

　その結果、海跡湖では本来湖沼の豊かな生態系が担っていた水産および水資
源の供給、洪水緩和や水質浄化など環境の調整、そして地域の信仰・民俗や野
鳥観察・水上スポーツなどの文化的側面などの様々なサービスが損なわれたり、
あるいはそれらサービス間の均衡が崩れたりしている[3]。またそれと同時に、
湖の周辺に住む人々と湖との、多様で多層的な関わりも薄れてしまった。

　このような近年の人間活動による自然環境、とりわけ生態系への甚大な影響
への反省から、1992 年に開かれた「開発と環境に関する国連会議」（地球サミッ
ト）では、個別の生物や特定地域の生態系に限定せず、地球規模で生物多様性
を保全し生物資源の持続可能な利用を目指す「生物多様性条約」が採択された。
これを受けて日本でも、1995 年に「生物多様性国家戦略」が策定、2002 年の
改訂を経て 2003 年には「自然再生推進法」が施行された。この前後から、日

本の海跡湖、例えば霞ヶ浦や中海などで、湖岸の植生帯や砂浜を取り戻し人と湖とのつながりの再生を目指した「自然再生」への取り組みが始まった。

しかし、このような一連の湖に対する様々な人為的な影響の評価や、近年の湖岸での自然再生においては、まずはその対象である海跡湖という地形の構造や成り立ち、また同時に従来の伝統的な人と湖との関わりについての正しい理解が重要である。しかしながらこれまで、そもそも海跡湖がいつ生まれ（起源）、その後現在に至るまで、その地形がどのように変化してきたのか、そして近年の様々な人間活動が海跡湖の環境や生態系にどのような影響を与えているのか（ヒューマンインパクト）については、きちんと成書として公刊されたものは見当たらない。

一般に、海跡湖の起源や生い立ちについては、「海跡湖は沖積平野の一部で、いずれ埋め立てられて消滅する地形」と理解されている[4]。しかし、はたして海跡湖は、近い将来消滅してしまう存在なのであろうか。また、近年の人間活動に伴う大規模干拓や埋立地の造成、湖岸堤防の建設など様々な人為的地形改変が、海跡湖の湖沼環境にどのような影響を及ぼしているのだろうか。これらを理解することは、近年各地の水辺や里山などで始まった自然再生の意義を明確にし、また海跡湖における今後の地球温暖化・海面上昇の影響や対応を検討するためにも重要かつ必要と考える。

そこで本書では、海跡湖に共通して見られる特徴的な地形、すなわち湖と海とをへだてる砂州、湖岸に発達する段丘と湖棚、そして湖に流入する河川が作る三角州に注目した。全体をⅣ部構成とし、第Ⅰ～Ⅲ部では、上記の3種類の地形について、それぞれ最初の章で、その地形が最もよく発達している湖を訪ね、なぜそこでそのような地形が作られたのか、その謎を探る。続く章で、その地形と人々が具体的にどのように関わってきたのかについて検討した。

第Ⅰ部では、湖とオホーツク海との間に延長25 kmの砂州が発達している北海道のサロマ湖を訪ね、サロマ湖ではなぜそのような日本一長い砂州ができたのか、古い地形図や地質ボーリングデータ、サロマ湖の湖底地形の解釈を通して砂州の生い立ちを解き明かす（第1章）。そのサロマ湖の砂州と、当時そこに住んでいたアイヌの人々との関わりについて、江戸時代末の1859年に刊行された「東西蝦夷山川地理取調図」に記されたアイヌ語地名を手がかりに考える（第

2章)。そして、国内の5カ所の砂州を取り上げ、これまで人は砂州という地形をどのように利用してきたのか検討した（第3章）。

第II部では、湖岸の沖合水深1〜3mに幅最大1,000mの湖棚という平坦な地形が連続し、そこにかつて10カ所以上の湖水浴場があった茨城県の霞ヶ浦を訪ねる。そして、なぜ霞ヶ浦でそれほど広い湖棚が発達し、かつて多数の湖水浴場が開かれたのか、湖沼図、湖岸の地質、過去約1万年間の湖の水位変動との関係から検討する（第4章）。

海跡湖の湖岸の低地には、比高数mの湖岸段丘とその背後に標高25〜30mの台地（更新世段丘）が広がっているが、その湖岸段丘と湖盆を取りかこむ台地の成り立ちと、その地形を縄文時代以降人々がどのように利用してきたのかについて考える（第5章）。そして、第二次世界大戦後とくに高度経済成長期を経た1970年代以降、人は湖岸の地形を何の目的のためにどのように改変してきたのか整理した（第6章）。

第III部では、日本で代表的な鳥趾状三角州が見られる北海道の網走湖を訪ねる。網走川の三角州では、複数に分岐した流路が水中に突き出すように伸びたローブと呼ばれる地形が、新旧合わせて12カ所も認められる。なぜ網走湖ではそのような多数のローブが存在するのか、古い地形図、網走川の治水工事、また過去の湖水位の変動との関係から考える（第7章）。

日本最大の湖である琵琶湖では、流入する安曇川、姉川、野洲川などの河川の河口部では、それぞれ円弧状三角州、尖角状三角州、鳥趾状三角州が発達している。一方、海跡湖である十三湖に注ぐ岩木川や、八郎潟に注ぐ馬場目川河口の三角州は、それぞれ円弧状三角州、尖角状三角州とされているが、過去の地形を詳細に復元すると、現在の三角州の地形はいずれも人為的に改変されたものであることがわかる（第8章）。そして、海跡湖の湖奥にひろがる三角州は、多くの場合、近世以降の干拓地や埋立地が付け加わった地形であるが、人々は何のためにどのようにして自然の三角州を拡大・改変してきたのか整理・検討する（第9章）。

最後の第IV部では、まず海跡湖はいつ生まれどのように変化してきたのか、その起源と生い立ちを探る。すなわち、今から約13〜12万年前の最終間氷期、その後今から1万2,000年前までの最終氷期、そして約6,000年前の後氷期海進最

iv

盛期を含む完新世の後半に、海跡湖でどのような地形変化が起こったのかを明らかにする（第 10 章）。そして砂州、湖岸低地、三角州それぞれにおける近年の人為的な地形改変が、海跡湖の湖沼環境にどのような影響を及ぼしたのかを検討した（第 11 章）。

　最後に、生物多様性の保全という視点から現在取り組まれている湖岸の自然再生について、また地形学の立場から今後の地球温暖化・海面上昇に伴って懸念される様々な自然災害に対し、それぞれ海跡湖でどのように対応すべきかについて検討する（第 12 章）。

　なお第 I 部～第 III 部の各部の最後には、砂州、湖岸段丘、三角州に関連して、筆者の海外での調査事例を含めた短いコラムを記した。本書を通し、地形学という視点から海跡湖の起源と生い立ち、そして海跡湖の環境に対するこれまでの人間活動の影響（ヒューマンインパクト）について、読者の皆さんの理解が深められれば幸いである。

【注】

[1] 環境庁自然保護局編（1995）『日本の湖沼環境 II』自然環境センター：188p.

[2] 平井幸弘（1995）『湖の環境学』古今書院：186p.

[3] 平井幸弘（2019）「ラムサール条約登録を目指すベトンバム中部タムジャンラグーン－持続可能な生態系サービスについて考える－」地理 64-3：78-85.

[4] 小野有五（1981）「海跡湖」．町田貞ほか編『地形学辞典』二宮書店：p62.

本書で取り上げる湖沼

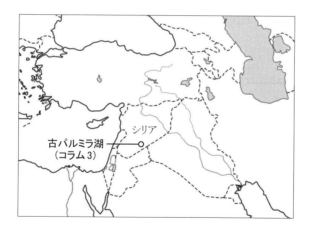

目　次

はじめに………………………………………………………………………… i

本書で取り上げる湖沼…………………………………………………………… v

第Ⅰ部　湖と海をへだてる砂州

第1章　サロマ湖の砂州は、なぜ日本一長いのか？ ………………… 3

> **Key words** ：ワッカオイ、湖底地形分類、氷期〜間氷期

日本を代表する砂州はどこか／サロマ湖の砂州を歩く／
更新世の砂礫層が作る段丘地形／明治〜大正時代には重要な交通路だった砂州／
サロマ湖の砂州はいつできたか／砂州の生い立ちを探る／
更新世の砂州を土台として発達したサロマ湖の砂州

第2章　サロマ湖の砂州に付されたアイヌ語地名 ………………… 15

> **Key words** ：北海道遺産、松浦武四郎、地形認識

砂州上の「ワッカ」と「チヒカルシ」／北海道遺産「アイヌ語地名」／
「東西蝦夷山川地理取調図」に描かれたサロマ湖／
生業に関わる的確な地形認識／生活資源の重要な情報としての地名／
本来のサロマ湖の湖口／自然環境との多様な関わりを示すアイヌ語地名／
本来の位置にアイヌ語地名表記を

第3章　人は砂州をどのように利用してきたのか？ ………………… 26

> **Key words** ：日本三景、両津湊、突堤・離岸堤

古代からの聖域としての天橋立／龍宮街道・原生花園としてのサロマ湖の砂州／
東海道の宿場として栄えた浜名湖の砂州／港町として栄えた両津の砂州／
たたら製鉄とともに拡大・縮小した弓ヶ浜／聖なる自然の砂州から巨大防波堤へ

コラム1　悩ましい砂州と砂嘴 …………………………………………………… 37

viii

第II部　湖岸をふちどる段丘と湖棚

第4章　霞ヶ浦にはなぜ、多くの湖水浴場があったのか？……41

Key words：浮島、湖棚、弥生の小海退

避暑の島 霞ヶ浦 浮島／幅広い湖棚が縁取る霞ヶ浦の湖岸／
豊かな水生植物群落と漁業資源を支える湖棚／
2つのタイプに分かれる霞ヶ浦の湖棚／今から約 3,000 年前の「弥生の小海退」／
湖岸低地の地下に存在する鬼怒川の河岸段丘／
霞ヶ浦の湖棚は、なぜ日本一広いのか？

第5章　海跡湖の湖盆を取りかこむ更新世段丘と湖岸低地……53

Key words：湖岸段丘、海水準変動、条里水田

広々とした霞ヶ浦の湖岸景観／海跡湖に共通して見られる更新世段丘と湖岸低地／
湖盆を取りかこむ更新世段丘／湖の資源を持続的に利用した縄文人／
湖岸を縁どる 2 段の湖岸段丘／湖岸段丘面上の製塩遺跡と条里水田／
海面の変動が作り出した湖岸の地形

第6章　人は湖岸をどのように改変してきたのか？……64

Key words：水資源開発、連続湖岸堤防、砂利採取

地形を活かした土地利用の変容／水資源開発のための連続堤防の建設／
舟溜まりの建設による湖棚の分断／砂利採取による湖棚の破壊／
植生帯緊急保全のための浅場造成／砂浜再生を目指した大突堤の建設／
人と湖とのつながりの喪失

コラム2　タイ・ソンクラー湖と八郎潟の浜堤列 ……76

目次　ix

第III部　湖奥にひろがる三角州

第7章　網走湖にはなぜ、日本一の鳥趾状三角州があるのか？ …81

Key words：ローブ、アイヌ語地名、沈水地形

日本一ローブが多い網走川の鳥趾状三角州／アイヌ語地名が語る三角州の原景観／
開拓・治水工事による三角州の拡大／洪水の頻発と河口先端のローブの発達／
なぜ網走湖の鳥趾状三角州には多数のローブがあるのか？

第8章　海跡湖に特徴的な鳥趾状三角州 …………………………93

Key words：鳥趾状三角州、突状三角州、干拓事業

湖に注ぐ川はどんな形態の三角州を作ってきたか？／
琵琶湖で見られる3種類の三角州／典型的な鳥趾状の網走川三角州／
国営干拓事業で円弧状になった岩木川三角州／
地先干拓で尖角状になった馬場目川三角州／
海跡湖に注ぐ川は鳥趾状三角州を作った

第9章　人は三角州をどのように広げてきたのか？ …………… 107

Key words：川違え、天井川、大規模干拓

人為による三角州の拡大と地形改変／斐伊川の「川違え」による三角州の拡大／
飯梨川三角州での「川違え」と天井川／大規模干拓による湖盆の消滅と縮小／
三角州の市街地化と内水氾濫のリスク

コラム3　沙漠や火星にもあった鳥趾状三角州 ………………………… 120

第IV部　湖の生い立ち

第10章　海跡湖の起源 − 海跡湖は、いつ生まれどのように変化してきたのか？ … 125

Key words：最終間氷期の砂州、最終氷期の谷、後氷期の湖岸段丘

最終間氷期にさかのぼる海跡湖の起源／最終間氷期の砂州の存在／
湖盆の原型をなす最終氷期の谷／後氷期の海水準変動と湖岸段丘・湖棚／
完新世後半に拡大した三角州／氷期〜間氷期サイクルと海跡湖

第11章　ヒューマンインパクト − 人為的地形改変による湖沼環境への影響 … 133

Key words：湖口の開削・締切り、湖岸の人工改変、三角州の都市化

湖沼の環境問題と人為的地形改変／湖口の人為的地形改変／
砂州での海岸侵食対策／水生植物と沿岸漂砂の喪失／
治水事業と三角州の都市化／人新世の地形学

第12章　海跡湖の今後 − これから海跡湖とどう付き合うのか？ ………… 144

Key words：生物多様性の保全、海面上昇への対応、土地利用の再検討

海跡湖における今後の課題／生物多様性の保全と湖岸の自然再生／
ラムサール条約への登録とワイズユース／
地球温暖化・海面上昇への対応／海跡湖の地形特性を活かす

おわりに………………………………………………………………… 154

索引……………………………………………………………………… 157

第 I 部　湖と海をへだてる砂州

サロマ湖（面積 151.6 km²、最大水深 19.6 m、平均水深 8.7 m、湖岸線長 87 km）
湖とその北側のオホーツク海との間には、長さ約 25 km の日本一長い砂州が作られている。湖の南東岸から北に延びるキムアネップ岬の沖合は水深 2 m 以下と浅く、その先端部にはかつてイチヤセモシリという名の小島があった（地理院地図で 3D 画像を作成、高さ方向の倍率は 5 倍）。

第 1 章
サロマ湖の砂州は、
なぜ日本一長いのか？

Key words：ワッカオイ、湖底地形分類、氷期〜間氷期

1．日本を代表する砂州はどこか

　砂州という地形については、一般にはあまり意識されることは少ない。しかし、砂州やこれとよく似た砂嘴という用語は、高校地理の教科書には必ず載っている地形用語で、いずれも「沿岸流に沿って土砂が細長く堆積した地形[1]」と説明されている。「砂州」と「砂嘴」という用語の地形学的な意味や、その違いについてはコラム1で詳しく説明するが、以下では日本を代表する砂州や砂嘴の事例を挙げる。

　まず砂州の代表例として、京都府宮津湾の天橋立や、鳥取県西端の美保湾にのぞむ弓ヶ浜が挙げられる。そして砂嘴の代表例としては、世界文化遺産「富士山−信仰の対象と芸術の源泉」の構成資産でもある三保松原や、北海道の根室海峡に面する日本最大の分岐砂嘴である野付崎などが有名である。

　国土地理院のホームページから、地図・空中写真・地理調査＞主題図（地理調査）＞日本の典型地形＞海の作用による地形＞砂州・砂嘴のページを見ると、砂州としてサロマ湖の砂州ほか36カ所、また砂嘴として野付崎のほか25カ所が挙げられている[2]。この一覧表に載った地名や名称は、それぞれ地理院地図とリンクしており、これをたどるとそれぞれの砂州や砂嘴の地形図や空中写真、色別標高図、陰影起伏図や3D地図など、様々な情報を表示させ閲覧することができる。

　そこでこれらの情報を元に、日本を代表する砂州を探してみると、まずは指定特別名勝でもある天橋立が挙げられる。天橋立は、陸前（宮城県）松島と安芸（広島県）宮島とともに、江戸時代以来の「日本三景」の1つとして、年間約300万人[3]もの観光客が訪れる日本を代表する砂州である。一方、国土地

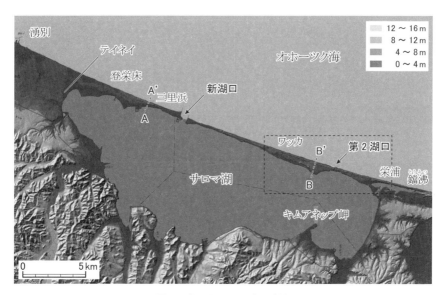

図 1. 日本一長いサロマ湖の砂州
地理院地図＞陰影起伏図＋色別標高図（標高 0 〜 16 m まで 4 m 毎）に地名などを加筆。波線枠は、図 4・5 の範囲を示す。

理院の「日本の典型地形」では、鳥取県の弓ヶ浜（夜見半島）が日本最大級の砂州とされている。確かに弓ヶ浜は、美保湾に注ぐ日野川の河口から北西に延びる長さ 17 km、最大幅 4.3 km の砂州で、何列もの浜堤が並び、日本で面積最大の砂州となっている。しかし砂州の大きな特徴である「海岸で細長く延びる」地形として、その長さが最も長いのはどこであろうか？

　国土地理院の「日本の典型地形」では、それぞれの砂州の長さについての記載はない。そこで一覧表から地理院地図にアクセスし、各砂州の長さを比べてみると、最も長い砂州は北海道のサロマ湖とオホーツク海とを隔てる砂州であることがわかる。この砂州は、幅が最小 130 m、最大 1,580 m、標高 3 〜 16 m で、西の湧別町テイネイ付近から東の北見市常呂町栄浦まで、天橋立の約 7 倍に当たる約 25 km にわたって延びており、日本を代表する砂州と言えよう（図 1）。

　そこで本章では、サロマ湖の砂州がなぜそれほど長く発達したのか、その秘密を探ってみたい。

2. サロマ湖の砂州を歩く

　サロマ湖北東端の栄浦から橋を渡り、ワッカネイチャーセンターを通り過ぎると、標高3～5mほどの広々とした草原が広がっている。ここは緩やかに起伏した砂州の一部で、ワッカ原生花園と称され、多様な海浜植物が見られる。ここを抜け砂州をさらに西側に進むと、サロマ湖とオホーツク海をつなぐ第2湖口に架かる長さ約260mのアーチ状の橋を渡る。この第2湖口は、サロマ湖でのホタテを主とした内水面漁業のため、湖水の交換促進、および湖内とオホーツク海とを行き来する漁船の航路確保のため、1978年に掘削された幅50mの人工水路である。

　第2湖口の先には、植林された針葉樹の海岸防風林と、その奥にカシワを主とするミズナラ、ナナカマド、エゾイタヤやミズキなどの広葉樹の森が見えてくる（図2）。森の入口には、「花の聖水・ワッカの水」と書かれた木柱のある小さな広場が整備されている。ここでは、地下から真水が湧き出し、飲み水として利用できるようになっている（図3）。

　ワッカという地名は、現在は広く砂州の東側一帯を指すが、本来はアイヌ語の地名であるワッカオイ（wakka-o-i：水（飲み水）・ある・所）が略されたもので、もともとは広場から約3.5km西側の湖岸にあった小さな沼・湿地付近を指していた[4]。現在の地理院地図でも、その場所に周囲約200mほどの小さな池と湿地記号が付されているが、明治30年製版の5万分の1地形図では、周囲

図2. サロマ湖の砂州中央・ワッカ付近の広葉樹の森
左手の水面はサロマ湖、2006年10月1日 著者撮影。

1,000 m ほどの沼地が描かれ、そこに「ワッカ驛」の文字が記されている（図4）。
　この地図にある「ワッカ驛」とは、明治から昭和初期にかけて北海道辺地の交通補助機関として設けられた、宿泊・人馬の乗り継ぎ・郵便などの業務（駅逓）を行う場所のことである。ここに駅逓所が設けられたのは、砂州の真ん中であるにも関わらず、この付近で人や馬の飲み水となる真水が得られたからであった。当時、沼の水は馬の飲用に供し、人の飲み水は沼から3〜4 km 常呂

図3. 広葉樹の森が広がるワッカ付近の3D 地図
地理院地図＞全国最新写真を使い3D 化（高さ方向の倍率は5倍）、文字と方位記号を加筆。

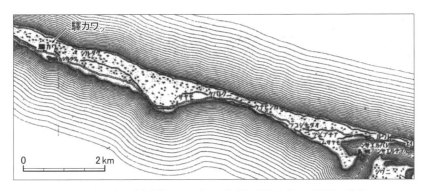

図4. 明治30（1897）年製版の5万分の1地形図に描かれたワッカ周辺の砂州
「ワッカ驛」より東側には、崖を示す模様（ケバ）が描かれている。

寄りの場所に汲み上げ井戸があり、そこから運んで使ったとのことで[5]、ちょうど先述の真水が湧き出している広場付近と考えられる。

両側がオホーツク海およびそれとほぼ同じ塩分濃度のサロマ湖に接する砂州の真ん中で、地下から真水が得られるのは不思議かもしれない。これは、この砂州の地下に存在する淡水レンズ[6]のおかげあり、最初に挙げた天橋立の中央にある有名な「磯清水」[7]も同様である。

3．更新世の砂礫層が作る段丘地形

「花の聖水・ワッカの水」の奥は少し急な斜面になっているが、この斜面をよく観察すると、全体的に黄褐色〜灰褐色の中粒〜細粒の砂層が見られる。さらに海側に回って、侵食されて崖になった露頭で堆積物を観察してみると、砂層には水平層理や斜交層理が良く発達している。砂層の上には、厚さ20〜80 cmの橙褐色の火山灰層が重なり、その最上部10〜40 cmほどは黒色の腐植土となっている[8]。

サロマ湖の砂州について、地理院地図の「自分で作る色別標高図」で、標高0〜0.5 m、0.5〜5 m、5〜10 m、10 m以上に区分してみると、新湖口付近の約3 kmを除く大部分が標高5 m以上で、西側の登栄床・三里浜付近と東側のワッカ周辺では、標高5〜10 mの平坦な地形と海岸線に沿って最大標高16 m

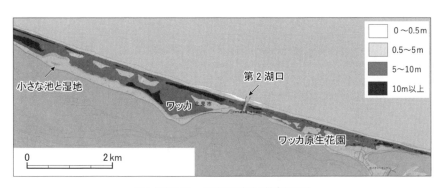

図5. 現在のワッカ周辺の砂州の標高区分図
地理院地図＞陰影起伏図＋自分で作る色別標高図に加筆。

に達する高まりが認められる（図5）。このうち標高5〜10mの平坦な地形は、現在より約10万年以上前の更新世に海岸に堆積した砂礫層が作る地形である。その地形面の上に見られる最大で標高16mに達する高まりは、現在より約1万年前以降の完新世に、海岸から風で飛ばされた細かい砂が堆積してできた新しい砂丘である[8]（図6）。

　すなわちサロマ湖の砂州は、全体が標高2m以下の低平な天橋立とは異なり、火山灰層に覆われた標高5m以上の段丘地形が骨格をなしている。現在より海水面が数m高かった約5,000〜6,000年前の、いわゆる縄文海進最盛期以降の新しい堆積物は、この段丘地形の海側と湖側のそれぞれ標高約5m以下に、部分的に付け加わっているにすぎない。ただし、新湖口周辺および第2湖口より東側の部分では、完新世の新しい堆積物が低地と海岸沿いの砂丘を作っている。

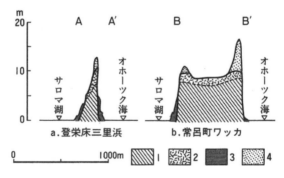

図6. サロマ湖の砂州の地形・地質断面図
1. 更新世の段丘堆積物、2. 火山灰、3. 完新世の海成・湖成堆積物、
4. 完新世の砂丘堆積物（断面図の位置は、図1参照）。

4．明治〜大正時代には重要な交通路だった砂州

　このようなサロマ湖の砂州は、明治から大正時代には常呂と湧別を結ぶ重要な交通路で、先に述べたようにそのほぼ中央に駅逓所が置かれていた。明治30年の地形図（図4）にも、サロマ湖の湖岸沿いに二重破線の道がはっきりと描かれている。1921（大正10）年10月、歌人・大町桂月が常呂村を訪れた際、一行は常呂の駅逓所に宿泊した後、鐺沸から舟で廃止直後のワッカ駅逓所（明

治 25 年設置、大正 10 年 1 月廃止）に上陸した。ここで、桂月は「一方に静寂の湖水、もう一方にオホーツク海の荒波を左右に見比べながら、果てもない狭い州を行くと、人間世界を離れて龍宮に旅するかと思うくらいだ」として、現在も使われている「龍宮街道」と命名したとされる[9]。このエピソードからも、当時のサロマ湖の砂州は、駅逓所が置かれるほど地形的に安定した場所で、そのためここが重要な交通路となっていたことが理解できる。

　現在この砂州を通る道は、新湖口のところで途切れている。新湖口は 1929（昭和 4）年に、湖の西側の湧別の人々が人為的に掘削してできた水路である。それ以前その付近は、アイヌ語でチヒカルシ（chip-e-kari-ush-i：舟を・そこで・まわし・つけている・処）と呼ばれ[10]、湖から海へまた逆に海から湖へ舟を担いで運んだ場所とされる。当時のサロマ湖の湖口は、湖の東端の鐺沸付近にあったので、サロマ湖西岸の集落から海まではとても遠く、あえてここで舟を担いだり曳いたりして、湖と海とを出入りしたのであろう。

5. サロマ湖の砂州はいつできたか

　サロマ湖の砂州を実際に歩いて土地の起伏や堆積物を見たり、かつてそこに駅逓所があった頃の様子を知ると、この砂州は、天橋立や三保松原のように全体が新しい時代、すなわち約 5,000 〜 6,000 年前の縄文海進最盛期以降に作られた地形とは異なっているのは明らかである。では、サロマ湖の砂州は、いつどのようにしてできた地形なのだろうか？

　これまで一般的には、サロマ湖の砂州については、「ワッカ付近の標高 5 〜 10 m の高まりは、サロマ湖南岸のキムアネップ岬から続く段丘で、縄文海進最盛期にはそれが岬状に海に張り出していた。現在のサロマ湖はこの岬によって二分され、西側の三里浜〜ワッカ間と、東側のワッカ〜栄浦間には砂州はなく、それぞれ広く外海とつながる大きな内湾（古サロマ湾）であった。その後、海面低下に伴って岬の東西に湾口を塞ぐように、現在の砂州が形成された[11]」と説明されてきた。「ワッカ原生花園」に設置されている案内板にも、そのように書かれている[12]。

　しかし今回、新湖口および第 2 湖口周辺での地質ボーリングのデータ[13]を

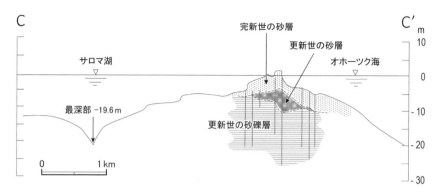

図7. サロマ湖砂州の新湖口付近の地形・地質断面図
断面図の位置（C-C'）は、図8参照。

利用して、2つの湖口付近の地質断面図を描いてみると、新湖口の地表下浅いところに、古い更新世の堆積物が存在していることが明らかになった（図7）。この図で、現在の地表面付近には、厚さ数m～約5mのN値[14]が10以下の緩くて暗灰色の砂層が堆積している。この砂層の湖側ではシルトや貝殻が混じり、海側は粗い砂と径10～15mm程度の礫から構成されている。これらの堆積物は、縄文海進期以降現在までに堆積した新しいものと考えられる。

　この新しい砂層の下には、最大厚さ約5m、N値が20～30程度のやや締まった褐灰～茶褐色の礫混じり砂が認められる。その下には、N値が50以上の密な茶褐灰色の火山灰質の砂層・砂礫層が、少なくとも厚さ10m以上続いている。これらの堆積物は、その上位の新しい堆積物よりも古い時代の堆積物で、先に述べた登栄床・三里浜やワッカ付近に見られる標高5～10mの段丘を構成している更新世の堆積物に対比される。

　このような事実から、サロマ湖の砂州で最も低くなっている新湖口付近でも、現在の砂州の地下浅いところに、湖と海とを隔てる更新世の堆積物が地形的な高まり（おそらく砂州のような地形）を作っていたと考えられる。すなわちサロマ湖は、従来の説明のように縄文海進期に広く海に開いた湾だったのではなく、縄文海進期の海面上昇とともに、現在のサロマ湖の位置に外洋と隔てられた水域が形成され始め、縄文海進最盛期には現在とほぼ同じように大きな湖と

なっていたと考えられる。

　ところで更新世の堆積物が作る砂州は、いったいいつごろ作られたものなのだろうか？　それについてはまだ十分な証拠が揃っていないが、図6で示したワッカ付近の更新世堆積物を覆う火山灰の噴出年代[15]等から、少なくとも海水面が現在と同様に高かった最終間氷期の高海水面期（現在から12〜13万年前）、あるいはそれ以前[16]と推定されている。

6. 砂州の生い立ちを探る

　一方、最終氷期の海面が最大約100 m低下した時期、そして縄文海進の最盛期前後に、サロマ湖の砂州はどうなっていたのだろうか？　それは、サロマ湖の湖底地形から推測することができる。現在のサロマ湖の1万分の1湖沼図の等深線図（1 m間隔）を見ると、湖底には水深5〜6 mと水深9 m前後の、少なくとも2段の平坦面あるいは緩斜面が分布していることがわかる（図8）。これらは、最終間氷期の高海水面期以降、海水面が最も低下したとされる最終氷期の極相期(今から約1.9〜3万年前)に向かう時期に、サロマ湖に注ぐ河川が作った河岸段丘が、その後の海面上昇によって水面下に沈んだ地形と考えられる。

　さらに湖底には、一連の谷状の地形が認められるが、これは海水面が最も低下した時期の河道（河谷）を示していると推測される。サロマ湖ではここに注ぐ大きな河川がないために、最終氷期に作られた河谷が完全に埋め尽くされず、今でも湖底に凹地として残っていると考えられる。この一続きの河道は、西側のテイネイ付近からと南西岸の芭露川、床丹川それぞれの沖合の延長部が合流し、湖盆中央を東に向かいキムアネップ岬沖合のワッカとの間の狭い部分を抜けて、現在の第2湖口付近から向きをほぼ北に変え、当時約100 m低下していた海面に注いでいたと推定される[17]（図8）。

　最終氷期が終わり、海面が急速に上昇してきた縄文海進期には、海面が少なくとも−5 mほどに達するまでは、古い時代の砂州が海と湖とを隔て、現在のサロマ湖には氷期に作られた谷の部分から海が侵入した。そして海面が標高数mに達した縄文海進の最盛期には、現在の新湖口付近は一部海とつながった可能性はある。しかし、その後海水面が現在と同じ高さに戻る過程で、更新世堆積物

12 第Ⅰ部 湖と海をへだてる砂州

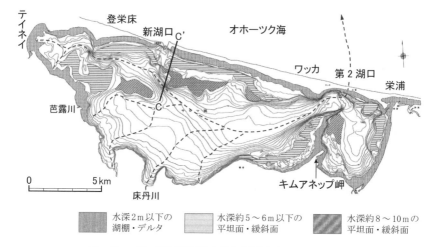

図8. サロマ湖の湖底地形分類と最終氷期極相期の河道（破線）
国土地理院の1万分の1湖沼図を基図として作成。等深線は1m間隔、水深の基準は東京湾中等潮位。

の高まりの上に、新しい完新世の堆積物が付け加わって長大な砂州が完成したと考えられる。

7. 更新世の砂州を土台として発達したサロマ湖の砂州

　本章では、サロマ湖の砂州がなぜ日本一長いのか、砂州の形態や堆積物、またサロマ湖の湖底地形を手がかりとして、その生い立ちを復元しながら探ってみた。その結果、サロマ湖の砂州は、そのすべてが完新世という新しい時代に形成されたのではなく、更新世に作られた砂州を土台あるいは骨格として、少なくとも最終間氷期から現在までの十数万年以上の長い時間をかけて、発達してきた地形であることが明らかになった。すなわちサロマ湖では、更新世の古い砂州と完新世の新しい砂州・砂丘とが一体となって、日本一長い砂州ができたと言えよう。

　最初に紹介した日本最大級の砂州とされる弓ヶ浜でも、その地表下には更新世の砂礫層（古弓ヶ浜砂州）があって、最終氷期の海面低下期をはさんで、縄文海進期に、それを土台として現在の弓ヶ浜砂州の形成が始まったとされてい

る[18]。これらの砂州の生い立ちには、地球規模の氷期〜間氷期という長い時間スケールでの海面変動が深く関わっている。本章で取り上げたように、海跡湖に特徴的な地形である砂州の起源やその生い立ちを明らかにすることは、そのような過去の環境変動を知り、理解することにつながるとても重要なことと考える。

【注】

[1] 例えば，山本正三ほか13名（2022）『新編 詳解 地理B 改訂版』二宮書店：p44.

[2]「国土地理院 日本の典型地形」https://www.gsi.go.jp/kikaku/tenkei_top.html（最終閲覧日：2024年6月1日）

[3] 天橋立観光協会「平成29年度事業報告」の宮津市への観光入込客数による.

[4] 伊藤せいち（2007）『アイヌ語地名III 北見』北海道出版企画センター：251p.

[5] 常呂町郷土研究同好会（1996）『ワッカ・その自然 ところ文庫12』常呂町郷土研究同好会：p55.

[6] 周囲を海水に囲まれた島や半島・砂州において，密度差によって海水を含む帯水層の上部に凸レンズ状に存在する淡水域のこと.

[7] 平安時代から「橋立の松の下なる磯清水 都なりせば君も汲ままし」（伝和泉式部）と詠われ，1985年には「日本の名水百選」にも選ばれている.

[8] 平井幸弘（1994）「日本における海跡湖の地形発達」愛媛大学教育学部紀要 自然科学 14(2)：10-13.

[9]「大町桂月の常呂村滞在に関する時系列資料 − 北見市」https://lib.city.kitami.lg.jp/facility/gs90km0000000uln-att/omatikeigetu.pdf（最終閲覧日：2024年6月1日）.

[10] 山田秀三（1984）『北海道の地名』北海道新聞社：p189.

[11] 大嶋和雄ほか（1996）「北海道サロマ湖の完新世の地形発達」茨城大学教養部紀要 30：100-108.

[12]「北海道北見市「食＆観光」ガイド オフィシャル WEB サイト」https://kitami-mylove.jp/concierge/special/special014（最終閲覧日：2024年6月1日）.

[13] 北海道開発局網走開発部が，新湖口でのアイスブーム設置および第2湖口の拡幅と架橋工事に伴って1989〜2016年に実施した合計63カ所のボーリング柱状図.

[14] 標準貫入試験値ともいい，地盤の強度や締まり具合を評価するための値（0〜50以上）で，大きくなるほど硬い.

[15] 奥村晃史（1985）「北海道東部の更新世テフラと海成段丘」第四紀学会講演要旨集 15：52-53.

14   第Ⅰ部　湖と海をへだてる砂州

［16］小池一之・町田 洋（2001）『日本の海成段丘アトラス』東大出版会：p.16 には，海洋同位体ステージ 7（約 19 万〜 24 万年前）の堆積物と記述されている．

［17］第 2 湖口から海側の部分は，海上保安庁 1989 年発行 5 万分の 1 海底地形図「湧別」から推定．

［18］太田陽子ほか編（2004）『日本の地形 6 近畿・中国・四国』東大出版会：p195.

第 2 章
サロマ湖の砂州に付された アイヌ語地名

Key words：北海道遺産、松浦武四郎、地形認識

1. 砂州上の「ワッカ」と「チヒカルシ」

　第1章では、サロマ湖の砂州がなぜ日本一長いのか、砂州の形態や堆積物、そしてサロマ湖の湖底地形を手がかりとして、砂州の生い立ちを復元しながら検討した。その中で、砂州の幅が最も広い「ワッカ」と、逆に幅が最も狭い地点のアイヌ語地名である「チヒカルシ」という、砂州上の2つの地名を取り上げた。

　このうち「ワッカ」は、アイヌ語のワッカオイ（wakka-o-i：水（飲み水）・ある・所）が略されたもので、砂州の地下に存在する淡水レンズ起源の真水が湧き出している場所であった。また「チヒカルシ」は、アイヌ語で（chip-e-kari-ush-i：舟を・そこで・まわし・つけている・処）の意味で、サロマ湖の長大な砂州のうち最も幅の狭いこの地点で、湖から海へまた逆に海から湖へ舟を担いで運んだ場所とされた。

　このように、かつてこの地に暮らしていたアイヌの人々は、砂州上の特徴的な複数の場所を、生活との関連からそれぞれ巧みに呼び分けていた。アイヌの人々は独自の文字を持たなかったが、江戸時代末期〜明治にかけての探検家・松浦武四郎[1]が、江戸幕府の命を受けて蝦夷地を踏査し、安政6（1859）年に刊行した「東西蝦夷山川地理取調図」に、従来空白であった内陸部を含め、北海道各地域の河川・湖沼、山地、道路・番屋などの地理事象と、数多くのアイヌ語地名を書き残している[2]。

　そこで本章では、この「東西蝦夷山川地理取調図」（以下、「取調図」と記す）に記録されたサロマ湖の砂州上のアイヌ語地名を手がかりとし、アイヌの人々がサロマ湖の砂州をどのように認識し、地域の自然とどのように関わっていたのかについて検討したい。

2. 北海道遺産「アイヌ語地名」

　北海道白老郡白老町のポロト湖のほとりに 2020 年 7 月、国立アイヌ民族博物館が開業した。この博物館と民族共生公園、慰霊施設などを合わせた一帯は「民族共生象徴空間」（愛称「ウポポイ」：アイヌ語で「（おおぜいで）歌うこと」）と称され、アイヌ文化の復興・発展のための拠点、また将来に向けて先住民族の尊厳を尊重し、差別のない多様で豊かな文化をもつ活力ある社会を築くための象徴とされている [3]。博物館ではアイヌ語を第一言語とし、館内および展示室の解説やパネルにはアイヌ語が最初に表示され、スタッフもそれぞれアイヌ語名を持ち名札に記している [4]。

　一方、北海道ではその豊かな自然、そこに生きてきた人々の歴史や文化、生活、産業など、道民全体の宝物として、次の世代に引き継ぎたい有形・無形の財産を「北海道遺産」として選定し、地域づくりや人づくりに活用する取り組みが行われている。2022 年現在 74 件が選定され、その No. 47 として「アイヌ語地名」が選ばれている [5]。

　北海道の地名の約 8 割はアイヌ語に由来するとされているが、残念ながら多くのアイヌ語地名は現在、本来のアイヌ語の意味とは異なる漢字が当てられたり、アイヌ語の発音をなぞったカタカナ表記となっている。しかし本来のアイヌ語の地名は、アイヌ民族の自然と調和した伝統的生活のなかから歴史的に形成されたもので、アイヌ文化の意義を理解する重要な手がかりとなる。

3.「東西蝦夷山川地理取調図」に描かれたサロマ湖

　「東西蝦夷山川地理取調図」は、北海道を経緯度線 1 度ごとに 26 の図郭に分け、一図幅は一寸 6 尺×一寸 2 尺（48.1 cm × 36.3 cm）に刷られている。縮尺は経度で 21 万 6 千分の 1、緯度で約 23 万分の 1 と、現在の 20 万分の 1 地勢図よりわずかに小さい縮尺で、これらをすべて合わせると、縦約 2.4 m、横約 2.0 m の大きさになる [6]。

　図 1 はこの地図に描かれたサロマ湖で、地図上で砂州の長さを測ってみると約 24 km [7] となり、現在の砂州の長さ 25 km とほぼ一致する。ただし、取

第 2 章　サロマ湖の砂州に付されたアイヌ語地名　　17

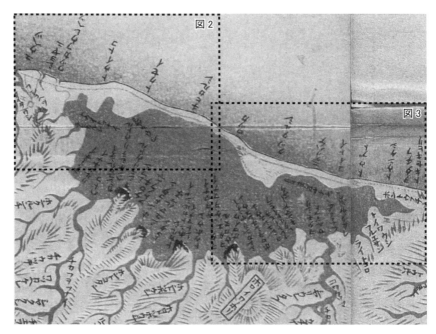

図 1.「東西蝦夷山川地理取調図」（松浦武四郎、安政 6 年）に描かれたサロマ湖（復刻版、1983）
「東西蝦夷山川地理取調図」[6] 首一八、同一九の部分を貼り合わせ、図 2・3 の範囲を示した。

　調図の砂州の幅は最小で約 300 m、最大約 2,000 m で、現在の砂州の幅（最小 130 m、最大 1,580 m）よりやや広めに描かれている。これは第 1 章で述べたように、かつてここが地域の重要な交通路であったため、実際の幅よりも少し広めに描かれたのではないかと思われる。取調図全体の特徴的な地図表現として、河川や湖沼、沿岸部などの水域が藍色に塗られ、陸地部の山地や丘陵地には斜面を表す緑色のケバ線（地図で山の形や傾斜を示す細い楔形の線）が施されている。とくに急斜面や崖地になっている部分は、例えばサロマ湖南岸の岬状に飛び出している 4 カ所のように、黒く強調されている。
　サロマ湖の砂州に注目してみると、そのオホーツク海側には細い朱の破線および実線が描かれている。「取調図 首 凡例」によると、破線は安政 3（1856）年以前に開かれていた道で、実線はそれ以後に開かれた道と記されている。サ

ロマ湖の周囲では、この破線・実線は砂州の部分にしか描かれておらず、その
うち西側の湧別から数 km と東側の常呂から鐺沸付近までが破線で、砂州中央
の約 20 km の区間は実線となっており、この部分が安政 3 年以降に新しく開か
れた道であることがわかる。

　取調図では、これらの道沿いに現代の地形図の地図記号にも似た、（◎運上
屋_{西部}会所_{東部}）、□（泊り宿番屋）、△（番屋ニテ昼所ニナルヘキ處）、△（小休所）、〇
（人家有ル處）、エ（蝦夷屋）、弓（舟潤）、凵（蝦夷人出稼所）などの記号が朱で印
されている。

　図 1 の範囲では、西端のユウヘツ（現在の湧別川河口付近）に泊り番屋と蝦
夷屋が、そして砂州西側のトウイトコ（現在の登栄床付近）と中央のワッカに
小休所が、そして東側のトウブト（現在の鐺沸付近）と内陸のトイワウシ（現
在の栄浦付近）に蝦夷屋があることが読み取れる。

　本章で注目したアイヌ語地名は、黒のカタカナで表記されているが、誤読を
避けるためにオは「ヲ」、ネは「子」の文字に統一するなどの工夫がなされている。
これらの地名については、武四郎が案内者から聞いて丹念に記録し、それを取
調図に許される限り克明に記入したとされ、当時のアイヌ語地名を最も多く記
入した図であることが高く評価されている[8]。

　以下では、サロマ湖の砂州部分に付された 16 カ所のアイヌ語地名を西側か
ら順に取り上げ、その音韻記号とその意味[9]、そして実際の現地の様子を踏
まえた著者の解釈を述べる。

4．生業に関わる的確な地形認識

　図 1 の最も西側に記されたユウヘツは、yu-pet（温泉・川）または yupe-ot（チョ
ウザメ・多い）など諸説があり、おそらく前者が湧別川上流の、後者が下流側
の名称であろうとされている。この東側に付されたショヤニは、so-e-yan-i（地
面・そこで・陸へ上がる・所）で、地形変化の激しい湧別川の河口から 1 km
ほど離れたこの付近が、海から陸への上陸適地だったのであろう。その東側の
ワッカフウレヘツは、wakka-hure-pet（水・赤い・川）とされるが、この川の
上流は、地表が橙褐色の細かい火山灰で覆われた更新世の段丘であるため、こ

れを刻んで海に流れ出る小川は、雨が降ると火山灰が混じった赤っぽい濁り水だったのではないかと想像される（図2）。

その東側のトウイトコは、to-etok（湖・の奥）とされ、現在の登栄床集落よりずっと西側のサロマ湖の最奥部を指している。当時のサロマ湖の湖口は、後述するように湖東端の鐺沸（図1のトウブト）付近にあったことから、まさにここは湖の最も奥に位置する。この東側のトクセイは、tokse-i（凸起している・もの、小山）とされている。この付近の砂州は標高約5 mの段丘状の地形で[10]、かつてその海側に幅約300 m、延長約2 km、最高地点が標高15.7 mの砂丘が存在し（1924年測量の5万分の1地形図「中湧別」）、トクセイとはこの高まりを指していたのであろう。しかし1960年代以降、サロマ湖の海側では海岸侵食が激しく、砂丘もその半分ほどが削られ、現在は幅約100 m、最高地点も標高12 mと低くなっている。

砂州を挟んでトクセイの反対のサロマ湖の湖岸に記されたシャリウシは、sari-us-si（その湿原・に接する・所）とされ、現在の三里浜集落の西側の砂州がサロマ湖側に突出した部分で、そこには今でも小さな沼と湿原が見られる。

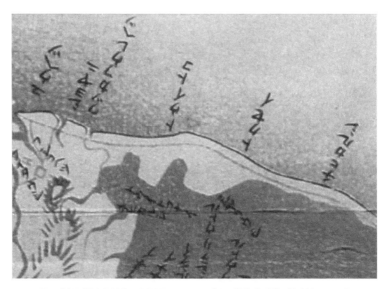

図2.「東西蝦夷山川地理取調図」のサロマ湖の砂州（西側）（復刻版、1983）

取調図では、トクセイから後述するワッカまでの区間は、砂州の幅が細く描かれている。そのほぼ中央に付されたチヒカルシは、先に述べたように、湖奥に住む人々がここから海へ、また逆に海から湖へ舟を担いで運んだ場所とされる。

5. 生活資源の重要な情報としての地名

砂州中央から東側に注目すると、まずワッカという地名が付されている(図3)。このワッカは、第1章および本章のはじめでも述べたように、ワッカオイ(水(飲み水)・ある・所)が本来の呼称とされ、取調図ではこの文字の脇に、昼所となる番屋の記号△が付され、明治30(1897)年製版の5万分の1地形図では「ワッカ驛」の文字が記されている。これは、内陸の道が整備される以前の明治から大正時代に、サロマ湖の砂州が常呂と湧別を結ぶ重要な交通路で、そのほぼ中間のこの場所に置かれた駅逓所のことである。

ワッカの東側は、砂州の幅が最大約2,000 mと広く描かれているが、ここは、第1章で述べたように標高5〜10 mの更新世の段丘が広がっている。取調図

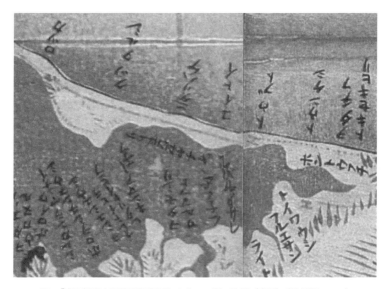

図3.「東西蝦夷山川地理取調図」のサロマ湖の砂州(東側)(復刻版、1983)

では、その段丘崖が緑色のケバ線で表現されている。ワッカの東側の海側に付されたクッタルシという地名は、kutar-us-i（イタドリ・群生する・所）とされている。一般にイタドリは、日当たりの良い土手、山野、荒れ地などに群生し、若芽は食用に根は利尿・通経・健胃薬としても利用されてきた[11]。そのような人々に有用な植物が、この付近に広がる段丘の斜面に群生していたのであろう。

クッタルシの東側、再び砂州が細くなったところに付されたニクリハケは、nikur-pake（林・頭（端））とされ、先のワッカ付近からここまで樹林帯があり、その東端だったと解される。現在ワッカから続く樹林帯は、1978年に人為的に掘削された第2湖口（クッタルシとニクリハケの間）で途切れているが、第2湖口東側の砂州も標高5〜10m前後あり、かつてはこの付近まで樹林が覆っていたと思われる。

砂州を挟んでニクリハケと反対側のサロマ湖の中に、イチヤセモシリ：icasey-mosir（カキ貝・島）と記された小さな三角の図形が描かれている。現在のサロマ湖には島は存在しないが、かつて武四郎がここを訪れた時には実際に小さな島が存在し、その後波浪による侵食によって消失してしまったと考えられる[12]。

6. 本来のサロマ湖の湖口

砂州に付された地名に戻ると、ニクリハケとその東側のコイトイとの間は、砂州の幅が少し広くなっている。この部分は現在「ワッカ原生花園」称される標高5〜10m前後の部分と思われる。現在はその南東から対岸の栄浦集落（取調図のトイワウシ）に向かって、標高3m以下の低平地が延びているが、取調図ではそのような地形は描かれていない。しかし、取調図の基図とされた伊能中図[13]には、この部分に現在のように対岸に突き出るような地形が描かれ、そこにアン子クツコシ：anep-kus-kot（細い岬・を通る・くぼ地）というアイヌ語地名が記されている。取調図では、そのアイヌ語地名も岬状の地形も描かれておらず、取調図のこの付近の地形の描写はあまり正確ではないようである。

砂州が少し膨らんだ部分の東側にあるコイトイとは、koy-tuye（波・をくずす）で、時化た時などに波が砂丘を越えて打ち付ける所と解されている。その東側のトウブトは to-put（湖・の口）で、取調図では水路は描かれず一続きの砂州

22　第Ⅰ部　湖と海をへだてる砂州

となっている。ここは、かつてのサロマ湖の唯一の湖口で、毎年秋 10 ～ 11 月頃には沿岸漂砂によって湖口が閉じられ、翌年の融雪時に湖水の上昇で湖岸の土地が浸水するため、明治期入植以後は、春先に人為的に水路を掘削していたところである。おそらくそれ以前も、増水した湖水によって自然に湖口が開き、この地名が付けられたのであろう。なお取調図では、ここに蝦夷屋の記号（エ）が付され、アイヌ人の家屋があったことがうかがえる。

　トウブトの東側では再び砂州の幅が広くなり、そこにトウンケシという地名が付されている。これは、to-honokes（沼・の下端）とされ、当時アイヌ人がトウと呼んでいたサロマ湖の最下流を指しているのであろう。これに対し、その内陸側に描かれている出口が狭まった水域に沿って、ポントウフチという地名が付されている。これは pon-to-put（小さい・沼・の口）とされ、サロマ湖本体に比べて「小さい」水域の出口を指している。

　砂州の東端の海側に付されたヲタチフとトキセキヒリは、それぞれ ota-cip（砂・舟）、tokse-kipir（突起した・砂丘）とされ、いずれもここより東側の海岸に発達する標高 20 m 以上の砂丘の形状を表した地名と推測される。

7. 自然環境との多様な関わりを示すアイヌ語地名

　ここまで、「東西蝦夷山川地理取調図」に描かれたサロマ湖の砂州に付されたアイヌ語地名を取り上げ、その意味と解釈を述べた。全体を通してみると、多くの地名は当時の砂州とその周辺の地形環境を、具体的かつ的確に表現している。それに加え、いくつかの地名には、アイヌの人々の生活に関わる重要な水や食料、また舟の運用に関する意味が込められている（表 1）。

　すなわち、取り上げた地名の多くは、砂丘、砂州、川、湖（沼）、湿地、島などの自然地形と、それらの口、奥、端、下端、接するなどの位置を示す言葉が組み合わさっている。また、樹林、草地、湿原などの植生を示す語や、赤い水、飲み水など水に関する語、またチョウザメ、イタドリ、カキなど食料に関する語も含まれている。さらに、湖や海で漁をするアイヌの人々にとって重要な舟の運用に関して、海からの上陸場所や、湖から海に出る地点などを示す言葉も地名となっている。

表 1　サロマ湖の砂州に付されたアイヌ語地名の意味と内容

アイヌ語地名	音韻記号	意味	内　容					
			地形	位置	植生	水	食料	生活
ユウヘツ	yu-pet / yupe-ot	温泉・川／チョウザメ・多い	○				○	
ショヤニ	so-e-yan-i	地面・そこで・陸へ上がる・所	○	○				○
ワッカフウレヘツ	wakka-hure-pet	水・赤い・川	○			○		
トウイトコ	to-etok	湖・の奥	○	○				
トクセイ	tokse-i	凸起している・もの、小山	○					
シャリウシ	sari-us-si	その湿原・に接する・所	○	○	○			
チヒカルシ	cip-i(<e)-kar-us-i	舟を・そこで・作る・そうする（まわし・つけている）・所		○				○
ワツカ（オイ）	wakka-o-i	水（飲み水）・ある・所		○		○		
クッラルシ	kutar-us-i	イタドリ・群生する・所		○	○		○	
ニクリハケ	nikur-pake	林・頭（端）		○	○			
イチヤセモシリ	icasey-mosir	カキ貝・島	○				○	
コイトイ	koy-tuye	波・をくずす		○				○
トウブト	to-put	湖・の口	○	○				
トウンケシ	to-honokes	沼・の下端	○	○				
ヲタチフ	ota-cip	砂・舟	○					○？
トキセキヒリ	tokse-kipir	突起した・砂丘	○					
ポントウフチ	pon-to-put	小さい・沼・の口	○	○				

　北海道全域で、自然環境を表すアイヌ語地名約 2,900 カ所を対象とし、自然との関わりについて検討した研究[14]によると、それらは崖、河川、湿地などの一般的な環境を表す言葉と、場所の特徴を示す修飾語の組み合わせになっており、アイヌの人々が自然環境に強い意識と関心をもっていたとしている。

　本章で取り上げたアイヌ語地名は、とくに目立つ集落もない砂州に付されたわずか 16 カ所であるが、これらの地名からも、アイヌの人々が自分たちが住む地域の環境をよく理解し、その自然とうまく付き合ってきたことを知ることができる。

24 第Ⅰ部 湖と海をへだてる砂州

8. 本来の位置にアイヌ語地名表記を

　現在、国土地理院の2万5千分の1地形図（または地理院地図）では、アイヌ語に由来する砂州上の地名は、湧別、登栄床、ワッカ原生花園、鐺沸の4カ所しかなく、そのうち3カ所はアイヌ語の発音をなぞった漢字が当てられ、本来のアイヌ語がもっている意味は伝わらない。またワッカは、もともとワッカオイという飲み水のある場所を意味する重要な地名であるが、現在はその場所から東に7kmも離れた原生花園の名称として使われている。ところがこの地域で最も古い明治30（1897）年製版の5万分の1地形図には、「取調図」にある16カ所のうちの9カ所と、それ以外の8カ所にアイヌ語地名がカタカナで付されている。

　北海道では、2001年から各種地名表示や関係刊行物へのアイヌ語併記を推進している[15]。例えば、旭川市では同市教育委員会によって、2003年にアイヌ語と日本語の地名が平等に併記された看板が、市内数カ所に設けられた[16]。

　アイヌ語地名については、最初に紹介したウポポイの博物館のように、アイヌの人々がつけた本来の意味を尊重し、各種の地図や案内版、また多数のパンフレット類での表現方法を工夫する必要があるのではないだろうか。とくに、それらの元となる地形図での表記は重要で、手続き上難しいとは思うが、アイヌ語地名本来の位置を比定し、その場所にアイヌ語地名の復活を期待したい。そうすることが、はじめに述べたウポポイの精神を生かし、アイヌ文化の復興・発展、また多様な文化を尊重する社会を作る一助となるのではないだろうか。

【注】

[1]「北海道」という名称の名付け親とされ，一般に「松浦武四郎」と表記されることが多いが，もともと親が付けた名は「竹四郎」で，『東西蝦夷山川地理取調図』では「松浦竹四郎」と署名されている．

[2] 師橋辰夫（1981）「東西蝦夷山川地理取調図」地図19-4：27-28.

[3]「ウポポイ 民族共生象徴空間」https://ainu-upopoy.jp/about/（最終閲覧日：2024年6月1日）.

[4]「国立アイヌ民族博物館」https://nam.go.jp/about/（最終閲覧日：2024年6月1日）.

第 2 章　サロマ湖の砂州に付されたアイヌ語地名　　25

[5]「北海道遺産」https://www.pref.hokkaido.lg.jp/ss/ckk/isantop.html（最終閲覧日：2024 年 6 月 1 日）.

[6] 松浦竹四郎（1859）『東西蝦夷山川地理取調図（復刻版）』高倉新一郎監修・校閲・解説（1983）IK 企画.

[7] サロマ湖の砂州のうち東端のポントウフチと記された水域の部分の砂州を加えると，約 26 km になる.

[8] 高倉新一郎（1983）「東西蝦夷山川地理取調図 解説」IK 企画：46p.

[9] 以下，本稿でのアイヌ語地名の音韻記号と意味については，伊藤せいち（2006）『アイヌ語地名 II 紋別』および, 同（2007）『アイヌ語地名 III 北見』北海道出版企画センター，山田秀三（1984）『北海道の地名』北海道新聞社による.

[10] 平井幸弘（1995）『湖の環境学』古今書院：3-13.

[11]『広辞苑 第七版』岩波書店「いたどり（虎杖）」.

[12] 平井幸弘（1985）「湖沼図を読む－サロマ湖の消えた島－」「社会科」学研究 10：114-125.

[13] 清水靖夫・長岡正利・渡辺一郎・武揚堂編（2002）『伊能図』武揚堂：54-55.

[14] 小木亜紀子・菊地 真・古谷尊彦（1998）「北海道アイヌ語地名に見られる人々と自然環境とのかかわり」季刊地理学 50：103-113.

[15]「アイヌ語政策推進局アイヌ政策課」https://www.pref.hokkaido.lg.jp/ks/ass/（最終閲覧日：2024 年 6 月 1 日）.

[16] 小野有五（2007）『自然のメッセージを聴く 静かなる大地からの伝言』北海道新聞社：97-101.

第3章
人は砂州をどのように利用してきたのか？

Key words：日本三景、両津湊、突堤・離岸堤

1. 古代からの聖域としての天橋立

　第2章では、サロマ湖の砂州を取り上げて、江戸時代末のアイヌの人々が砂州上の細かい地形を的確に認識し、様々な生活資源を得る場所として広く利用していたことを指摘した。そこで本章では、他の日本の海跡湖において、湖と海とを隔てている砂州という地形を、人はどのように利用してきたのかについて探ってみたい。以下ではまず、日本三景の1つである天橋立について見てみよう。

　天橋立は、若狭湾西部の宮津湾と阿蘇海を隔てる延長 3.6 km の日本を代表する砂州で、8世紀初頭にこれを北から見下ろす尾根上に、成相寺が開かれた頃から名勝地として知られたとされる。8世紀に成立したとされる風土記そのものは現存しないが、『丹後国風土記逸文』には、「与謝の郡 郡家の東北の隅の方に、速石の里がある。この里の海に長大な岬がある。長さは 1,229 丈（約 3,700 m）、広さは或所は 9 丈（約 27 m）以下、或所は 10 丈（約 30 m）以上、20 丈（約 60 m）以下である。先を天の椅立と名付け、後を久志の浜と名付けた」と記されており、天橋立の成立が神話の世界と結び付けられ、神の住み給う場として認識されていた[1]。

　平安時代中期の女流歌人小式部内侍の歌にも取り上げられたように、10世紀後半には、天橋立は歌に読まれる著名な名所であった。そして江戸時代前期に、儒学者林春斎が『日本国事跡考』で松島、丹後天橋立、安芸厳島を「三處奇観」と記し、また貝原益軒が『己巳紀行』で「此坂（府中より成相寺への坂：筆者注）より天橋立、切戸の文珠、橋立東西の与謝の海、阿蘇の海目下に在て、其景言語ヲ絶ス、日本の三景の一とするも宜也」としたことから、天橋立が「日本三景」として定着したとされる[2]。

第3章 人は砂州をどのように利用してきたのか？

図1. 天橋立図
雪舟筆、京都国立博物館蔵、地名・寺社名を加筆。

18世紀になると、砂州北側の阿蘇海側にある溝尻村から、阿蘇海の漁場環境の悪化を理由に、砂州截断の要望が3度出された。しかし、当時天橋立を境内としていた砂州の南側対岸にある智恩寺では、その度に天橋立が「天下無双の絶境」であり、また「古来より聖なるもの」としてその要望を受け付けなかった[3]。その後、近代になって1952年には天橋立は特別名勝に、2014年には重要文化的景観に選定された。このように天橋立は、古代から聖なる空間、また自然の良好なる景観として、その地形や植生が保全され、近・現代では地域の重要な観光資源と位置付けられている。

しかしこの間、砂州は静的に安定していたわけでなく、その地形は大きく変化してきた。例えば室町時代の雪舟によって描かれた「天橋立図」（1500年頃）では、砂州は北の江尻から橋立明神付近まで延び、その先端と南岸の知恩寺との間には、ある程度の幅を有する水路が存在し、南側の現在の小天橋砂州に相当する地形は描かれていない（図1）。

その後近世中期以降、阿蘇海周辺で肥料としての草柴や牛馬の飼い葉の採取、薪炭材の確保などに伴って、河川から海岸への土砂供給が増え、砂州が南に向かって急速に延びていったとされる[4]。しかし戦後間もない頃から、砂州北側

図 2. 天橋立南側の高台からの眺め「飛龍観」
2022 年 9 月 30 日筆者撮影。

の河川上流で多数の砂防堰堤や、海岸の護岸や防波堤の建設により、土砂供給の減少と沿岸漂砂の移動が妨げられた。そのため、砂州北側の宮津湾側の浜で侵食が始まり、1960 年代半ば以降砂州全体が急速に痩せ細っていった[5]。

そこで京都府は、1951 年から長さ 15 m の突堤や同 30 m の大突堤を多数建設し、1987 年からは砂州の北側にある港に堆積した砂を浚渫し、また砂州南端の小天橋沖合に堆積した砂を回収して、これらを砂州の付け根の沖合に投入する養浜事業（サンドリサイクル）を実施してきた。さらに 1992 年以降は景観に配慮した潜堤が設置され、現在は大突堤が作る波長約 200 m、振幅数十 m の三角形の砂浜が連続する水際線となっている[6]（図 2）。

2. 龍宮街道・原生花園としてのサロマ湖の砂州

　第1章で取り上げたサロマ湖の砂州は、かつて明治から大正時代にかけて、東の常呂と西の湧別を結ぶ重要な交通路であった。当時、サロマ湖の湖口は東端の常呂村鐺沸にあり、そこでいったん砂州に渡れば、途中途切れることなく西端の湧別までひと続きであった。海岸に沿って平坦で直線的に伸びる砂州は、人が移動する場所としてまさに都合が良かった。さらにその中ほどのワッカ付近では、馬や人の飲用となる淡水が得られ、そこに駅逓所が設けられていた。1921年にここを訪ねた歌人大町桂月が、この砂州上の道を「龍宮街道」と名付けたことは、先に述べたとおりである。しかし、駅逓廃止後の1929年には砂州中央のやや湧別寄りに新湖口が掘削され、サロマ湖の砂州は現在のように東西に二分された。

　その後1958年には、サロマ湖、能取湖、網走湖など7つの海跡湖を含む網走国定公園が指定された。そのうちサロマ湖の砂州の東側は日本最大の海岸草原で、エゾスカシユリ、ハマナスなど300種類以上の草花が見られ、2001年には「ワッカ原生花園」として北海道遺産にも選定されている。

3. 東海道の宿場として栄えた浜名湖の砂州

　10世紀初めの『延喜式』（927年）に記されている角避比古神社は、当時の浜名郡内の5つの式内社のうちの1つで、もともと湖に臨み湖口を守る神として祀られてきたとされる[7]。本来の所在は、後述の明応の地震・津波、またはその前後の洪水・高潮で流失・移転したため不明とされるが、現在の新居町松山に「角避」という小字名が残されており、この付近がかつての浜名湖の湖口と推測されている[8]。この松山集落の南側では、海岸砂丘が幅約150mにわたって途切れているが、そのすぐ北の浜名川低地の堆積物の分析結果から、この部分がかつて海水の影響を受ける浜名川の河口であったとされている[9]（図3）。

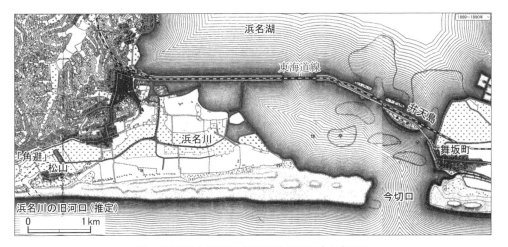

図3. 浜名湖の中世以前の湖口（浜名川の河口）と今切口
2万分の1地形図「新居」「舞阪」（1892年発行）に地名等を加筆、旧湖口の位置は文献[9]による。

　平安時代初期の『三代実録』によると、貞観4（862）年に全国四大橋の第二橋として、当時の浜名川の河口近くに、長さ56丈（約170 m）、幅1丈3尺（約4 m）、高さ1丈6尺（約5 m）の当時としては大きな橋が架けられた。この橋は、「浜名の橋」と呼ばれ日本名橋の1つとされた[10]。人々は、浜名湖と遠州灘との間に東側から西に向かって延びる細長い砂州と、浜名の橋を渡って往来した。しかし、室町時代末期の明応7年8月25日（1498年9月20日）の明応地震、またはその前後にかけて頻発した風水害をきっかけに、当時の浜名川の河口近くの大倉戸で地すべりがあり、浜名川の流路が閉塞し、その後増水した浜名湖の湖水が砂州を決壊させて、現在の湖口「今切口」ができたとされる[11]。

　これ以降、砂州東側の舞坂と西側の新居の間は渡船による往来となり、慶長5（1600）年には新居に関所が設けられた。明治時代になって、今切口北側の中洲であった弁天島に海水浴場や旅館が開かれ、観光地や保養地として知られるようになった。1888年に弁天島を通る東海道線が全通し、明治末には弁天島駅も開業した（図3）。その後、砂州の成長とともに湖口が浅く狭くなったため、1956年に今切口は現在の幅約200 mのコンクリート護岸の水路に改修された[12]。そして1964年に東海道新幹線が開業し、1978年には湖口の直上

に浜名バイパスが建設され、現在浜名湖の砂州は東西日本をつなぐ交通上重要な役割を果たしている。

4. 港町として栄えた両津の砂州

佐渡島の中央に広がる国中平野の北東端に位置する加茂湖と、両津湾との間には、幅230 m～最大約500 m、長さ2 km弱の砂州が発達している。砂州の中央よりやや北にある幅30 m、長さ150 mの両岸が石積みの水路を介して両津湾と加茂湖が繋がっている。かつての両津市（現在の佐渡市両津地区）の中心市街地は、この砂州全体に広がっている。両津とは、砂州北側の夷地区と南側の湊地区を合わせた総称で、江戸期以来漁船のみならず廻船の停泊にも利用され、夷は年貢米の大阪への積出港とされた[13]。

明治維新後、夷はそれまでの佐渡島南部の小木に変わって、佐渡の表玄関と

図4. 佐渡商船會社航路案内（一部）に描かれた両津
出典：国際日本文化研究センターのデータベースより。

なり、1917年に両津港と改称された。吉田初三郎の鳥瞰図を使った佐渡商船會社航路案内（1930年）では、新潟と両津を結ぶ汽船がまさに両津港に入港する様子が描かれている。この図では、砂州の中央を幹線道路が貫通し、その両側に建物が軒をならべ、砂州の加茂湖側には埋立地も造成されている（図4）。

砂州の湖側での埋立地造成は、すでに江戸期から行われてきたが、自然状態の本来の砂州は幅約100m、標高約4mであったとされる[14]。もともと両津湾の湾奥部のこの海岸には、北側の梅津川などから流出する砂によって連続する砂浜が広がり、1911年に塩が専売制になる頃まで揚浜式製塩が盛んに行われていた[15]。加茂湖の砂州も、北側の河川から供給される砂と沿岸漂砂によって、形成・維持されてきた地形である。しかし、ここはまた暗礁などがない波静かな湾奥であったために、先に述べたように江戸期から砂州およびその両岸地域は、港とその関連施設や居住地として高度に利用されてきた。近代になって、港湾としての機能が拡張されるに従い、砂州の両側でさらに埋立地の造成や長大な防波堤が建設され、現在の加茂湖の砂州は、本来の姿や形とは異なる極めて人工的な地形に変貌している（図5）。

図5. 砂州上に広がる両津市街地と埋立地・防波堤
どんでん山中腹より、2011年10月1日筆者撮影。

5．たたら製鉄とともに拡大・縮小した弓ヶ浜

　鳥取県西部の美保湾と中海を隔てる弓ヶ浜半島は、日野川河口左岸から北西の境水道に向かって延びる全長17 km（日野川右岸の米子市淀江までの海岸を含めると全長23 km）、幅3〜4 km、日本で面積最大の砂州である。この砂州は、複数の浜堤列から構成され、地表面の地形的な差異によって中海側から美保湾に向けて、内浜、中浜、外浜の3つに区分される[16]。

　このうち外浜は、内浜、中浜と異なり、明瞭な堤間低地に乏しく、砂丘がほとんど発達していない。そしてその表層堆積物には、たたら製鉄の廃棄物である鉄滓粒が多く含まれる。これらの特徴から外浜は、近世初頭以降山陰の諸河川の上流域で盛んに行われたたたら製鉄に伴う鉄穴流しによって、花崗岩類片などの粗粒な堆積物が海岸へ大量に供給されたために、急速に拡大したとされる[17]。なお、たたら製鉄・鉄穴流しによる土砂供給の増大は、宍道湖や中海に注ぐ斐伊川や飯梨川の三角州の拡大と深く関わっており、これについてはあらためて第9章で詳しく述べる。

　1923年にたたら製鉄が終焉を迎えると、日野川からの供給土砂量が激減し、それ以降河口に隣接する区域では激しい海岸侵食が発生し、海岸線が最大で幅約300 m後退した。これに対し建設省（現在の国土交通省）は、1960年から国の直轄海岸として、日野川河口の両岸地区で海岸の保全対策事業を進めてきた[18]。

　このうち日野川河口左岸の延長約3 kmの皆生海岸では、外浜がまだ拡大していた1900年に、海岸の浅瀬で湧く温泉が発見され、1920年以降本格的な温泉開発が始まった（図6）。しかしその後、激しくなった海岸侵食から温泉街を守るために、長さ60 mの突堤群、そして1971〜1982年には12基の離岸堤が建設され、その背後に連続するトンボロ地形が発達した。近年は、温泉街の景観保全を目的として、消波ブロックが水面上に現れないように一部の離岸堤で人工リーフ（潜堤）化が進められている[19]（図7）。

　現在の皆生海岸を歩いてみると、人工リーフ化された地点ではトンボロが消失し、比高約1 mの浜崖が温泉街の建物前面の護岸に迫っている。一度失った砂浜を人工的な構造物で取り戻すことが、いかに困難かを感じさせる。

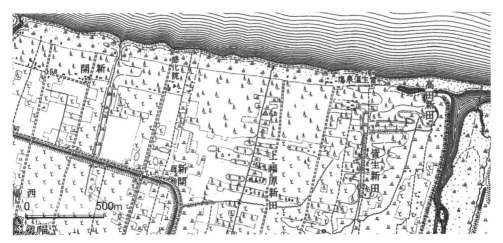

図 6. たたら製鉄の影響で拡大中の弓ヶ浜・皆生海岸
今昔マップより、1915 年測図の 2 万 5 千分の 1 地形図「米子」。

図 7. 離岸堤（一部、潜堤）によって連続するトンボロが形成された弓ヶ浜・皆生海岸
地理院地図＞全国最新写真（シームレス）、2016 年撮影。

6. 聖なる自然の砂州から巨大防波堤へ

　本章では、海跡湖に特徴的な湖と外海とを隔てる砂州地形に注目し、古代以来、人が砂州をどのように利用してきたのかについて、日本三景の1つである天橋立、かつて龍宮街道と名付けられたサロマ湖の砂州、東海道の動脈をなす浜名湖の砂州、市街地で埋め尽くされた加茂湖・両津の砂州、そして海岸侵食が深刻な弓ヶ浜・皆生海岸の5カ所の砂州を取り上げた。

　全体を通して見ると、オホーツク海に面するサロマ湖や濤沸湖の砂州のように、原生花園としてその自然が維持されている場所は限られる。そのほか多くの砂州は、外海側での深刻な海岸侵食への対策として、また砂州上の市街地や港湾機能の維持・拡張のため、護岸や突堤、離岸堤や長大な防波堤などの建設が進んでいる。

　はじめに取り上げた天橋立の砂州も、実際に現地を歩いてみると、阿蘇海側の湖岸線は砂浜ではなく、石積み護岸であることに気づく。また宮津湾側の大きく波打つ白い砂浜の景観（図2）は、龍が天に昇る姿に見立てた「飛龍観」と呼ばれているが、これは1980年頃から侵食対策で建設された大突堤に砂が堆積して出現した、人為的な景観である。また原生花園となっているサロマ湖の砂州でも、そのオホーツク海側の海岸では侵食が進み、顕著な浜崖や海食崖が見られ、一部では侵食対策としての消波ブロックの設置や離岸堤が建設されている[20]。

　すなわち、これまで人は砂州という地形を様々な目的のために、それぞれの場所や時代によって巧みに利用してきた。しかし、主に1960年代の高度経済成長期以降、とくにこの約50年の間に、多くの砂州は人工的な構造物で覆われた巨大な防波堤へと変貌してしまった。海跡湖では今後、地球温暖化に伴う海面上昇によって様々な影響が懸念される。とくに、本章で取り上げた湖と海とを隔てる砂州においては、その土地利用のあり方や災害対応について、長期的な視点から慎重に検討する必要があろう。この点については、あらためて第12章で考えたい。

36 第Ⅰ部 湖と海をへだてる砂州

【注】

[1] 長谷川成一（1996）『失われた景観 名所が語る江戸時代』吉川弘文館：73-102.

[2] 宮津市社会教育課社会教育係「第32回 日本三景 天橋立」https://www.city.miyazu.kyoto.jp/site/citypro/5043.html（最終閲覧日：2024年7月2日）.

[3] 天橋立世界遺産登録可能性検討委員会編（2017）『「天橋立学」への招待 – "海の京都" の歴史と文化』法蔵館：15-30.

[4] 天橋立世界遺産登録可能性検討委員会編（2017）『「天橋立学」への招待 – "海の京都" の歴史と文化』法蔵館：9-12.

[5] 平井幸弘（1995）『湖の環境学』古今書院：27-39.

[6] 平井幸弘（2023）「日本三景にみる日本の海岸線の変化」地図情報43-2：4-8.

[7] 『新居ものがたり』編集委員会(1993)『新居ものがたり－歴史100選－』新居町教育委員会：22-23.

[8] 矢田俊文（2009）『中世の巨大地震』吉川弘文館：128-143.

[9] 藤原 治・小野映介・矢田俊文・海津正倫・佐藤善輝（2010）「1498年明応地震による遠州灘沿岸浜名川流域の地形変化」歴史地震25：29-38.

[10] 『新居ものがたり』編集委員会（1993）『新居ものがたり－歴史100選－』新居町教育委員会：24-25.

[11] 『新居ものがたり』編集委員会（1993）『新居ものがたり－歴史100選－』新居町教育委員会：40-41.

[12] 奥田節夫・倉田 亮・長岡正利・沢村和彦編（1991）『空からみる日本の湖沼』丸善：174-177.

[13] 戸所 隆（2022）『地図でみる新潟県－市街地に刻まれた歴史と地理－』海青社：88-89.

[14] 小林巌雄・神蔵勝明・鴨井幸彦・渡辺剛忠（1993）「佐渡島加茂湖の自然環境とその歴史」地質学論集39：89-102.

[15] 両津市郷土博物館編（1997）『郷土を知る手引き 佐渡－島の自然・くらし・文化－』両津市郷土博物館：139-142.

[16] 太田陽子・成瀬敏郎・田中眞吾・岡田篤正編（2004）『日本の地形6 近畿・中国・四国』東京大学出版会：194-198.

[17] 貞方 昇（1996）『中国山地における鉄穴流しによる地形環境変貌』渓水社：173-196.

[18] 宇多高明（1997）『日本の海岸侵食』山海堂：310-318.

[19] 宇多高明・藤原博昭・芹沢真澄・宮原志帆（2011）「人工リーフ周辺の地形変化機構に関する実験とBGモデルによる海浜変形予測」土木学会論文集B2（海岸工学）67：18-35.

[20] 西秋良宏・宇田川洋編（2002）『北の異界 古代オホーツクと氷民文化』東大出版会：34-46.

コラム1　悩ましい砂州と砂嘴

　第1〜3章では、海跡湖と外海を隔てる砂州という地形に注目した。その「砂州」とよく似た用語として「砂嘴」という地形用語があるが、以下では、砂州と砂嘴という地形について整理しておきたい。

・砂州

　最新の『地形の辞典』(2017)では、砂州について「海の作用で堆積した非固結物質からなる細長い微高地の総称」とあるが、「非常に曖昧な用語で、単独で使用する場合には注意を要する」とも記されている[1]。厳密に定義すべく書かれた専門分野の辞書でこのような状況であり、他の専門書でも「海岸地形における最も曖昧な用語[2]」とされている。しかし一般に砂州は、その作られている位置から湾口砂州、湾奥砂州、湾頭砂州、河口砂州、またその形態の特徴から舌状砂州（尖角州）、環状砂州、陸繋砂州（トンボロ）などに分類され、日本ではそのうち、細長く直線的に延びかつ頂部が海面上に出ている湾口砂州を、単に砂州と呼ぶ例が多い[3]。本書で取り上げた、海跡湖と外海とを隔てる細長く直線状に伸びる地形は、上記の湾口砂州に該当する。

・砂嘴

　一方先の『地形の辞典』では、砂嘴について「岬の先端のように海岸線の方向が急激に変化する地点から、沿岸漂砂の流下方向に細長く伸びる砂礫の州。スピット（spit）ともよばれる」と説明されている[4]。なお英語のspitは、「海や湖の中に突き出ている狭い陸地の突端、岬」と言う意味であり、日本語の「砂嘴」という術語にある「嘴」という意味は含まれていない。しかしながら、高等学校で使われている最新の教科書や地図帳、資料集などは、砂嘴は「沿岸流によって鳥のくちばしのように内湾側に湾曲したもの」と説明され、その代表例として北海道の根室海峡に突き出た野付半島の写真が添えられている[5]（図1）。

　この野付半島の砂嘴は、先端が陸側に曲がっている鉤状砂嘴が複数重なり合った複合砂嘴（分岐砂嘴）と呼ばれるが、なぜそのような複雑に分岐した砂州が作られたかについては、様々な解釈がされている。例え

図1. 北海道野付郡別海町の野付半島の複合砂嘴
地理院地図＞全国最新写真（2004年〜撮影）。

ば、「海水準の変動による[6]」あるいは「海底地形と砂嘴自体の形状に強く依存し、海水準変動や相対的波浪の強まりによらずとも自励的に発達した[7]」、また、「千島海溝における広域な地震性地殻変動が関わっている[8]」などの説も出されている。いずれにしても、野付半島の複合砂嘴は、一般的な砂嘴という地形ではなく、特殊な例として理解した方が良い。

・砂州と砂嘴の関係

　砂嘴と砂州の違いについては、国土地理院の「日本の典型地形」や高等学校の教科書では、「砂嘴が伸びて対岸にほとんど結びつくようになったものを砂州という[9]」と記述されている。また地形学の専門書でも、「砂嘴が湾の入り口を横切って発達すると湾口沿岸州となる」としている[10]。これらは、「砂州は砂嘴が伸びたもの」という考えに基づいている。しかし近年、砂嘴と砂州はそれぞれ分布する海域が大きく異なり、また平面形状は砂州が外海側に凹であるのに対し、砂嘴は外海側に凸であることなどから、砂州と砂嘴は異なる地形であり、上記の「砂嘴伸長説」を否定する意見も提出されている[11]。

　筆者も第 1 章で述べたように、サロマ湖や弓ヶ浜半島の砂州のように、日本の海跡湖と外海とを隔てる砂州の多くは、更新世の堆積物が作る地形が骨格あるいは土台として、完新世の海進期に形成された地形であると考えており、砂嘴が伸びて砂州になるという砂嘴伸長説には同意しない。今後、砂州と砂嘴との関係、とくに砂州の起源や発達過程についてさらに議論し、用語の定義や使い方を整理する必要があろう。

【注】

[1] 砂村継夫（2017）「砂州」日本地形学連合編『地形の辞典』朝倉書店：p291.

[2] 鈴木隆介（1998）『建設技術者のための地形図読図入門 第 2 巻 低地』古今書院：425-448.

[3] 武田一郎（2007）「砂州地形に関する用語と湾口砂州の形成プロセス」京都教育大学紀要 111：79-89.

[4] 武田一郎（2017）「砂嘴」日本地形学連合編『地形の辞典』朝倉書店：p290.

[5] 矢ヶ崎典隆ほか（2024）『詳細 地理探求』帝国書院：p24，井田仁康ほか（2024）『わたしたちの地理総合 世界から日本へ』二宮書店：p48 など。

[6] 高野昌二（1978）「野付崎における分岐砂嘴の発達」東北地理 30：82-92.

[7] 宇田高明・山本幸次（1992）「北海道野付崎の形成過程」地形 13：19-33.

[8] 七山 太ほか（2016）「野付崎バリアースピッツの地形発達史から読み解く根室海峡沿岸域の完新世地殻変動」日本地質学会学術大会講演要旨 2016（O）：p310.

[9] 松原宏ほか（2024）『地理総合』東京書籍：p73 など。

[10] 貝塚爽平ほか編著，久保純子・鈴木毅彦増補（2019）『写真と図でみる地形学 増補新装版』東京大学出版会：58-61.

[11] 武田一郎・世古春香（2019）「湾口砂州と砂嘴の違い」京都教育大学紀要 114，65-78.

第 II 部 湖岸をふちどる段丘と湖棚

霞ヶ浦（面積 168.1 km²、最大水深 11.9 m、平均水深 3.4 m、湖岸線長 168 km）
湖盆の周囲には、標高約 25 〜 35 m の平坦な更新世段丘が、その段丘崖と湖岸線との間には、幅 200 〜 700 m、標高数 m 以下の湖岸低地が連続して発達している。霞ヶ浦の南東部浮島はかつては霞ヶ浦唯一の島で、湖水浴場として賑わった（地理院地図で 3D 画像を作成、高さ方向の倍率は 5 倍）。

第4章

霞ヶ浦にはなぜ、多くの湖水浴場があったのか？

Key words：浮島、湖棚、弥生の小海退

1. 避暑の島 霞ヶ浦 浮島

現在、霞ヶ浦には島と呼べるような地形は存在しないが、かつては霞ヶ浦南部の桜川村（現・稲敷市）に、周囲16.5 km、面積6.3 km^{2}の浮島と呼ばれる島があった。奈良時代初期に編まれた「常陸国風土記」には、「乗浜の里の東に浮嶋の村あり 四面絶海にして 山と野交錯れり（中略）居める百姓は 塩を火きて業と為す」とあり[1]、当時の浮島の住民が製塩を生業としていたと記されている。古代の主な製塩法の1つである「藻塩焼」では、ホンダワラなどの海藻を積み重ね、海水をかけて乾かす作業を繰り返し、塩の結晶がついた海藻を焼く。その灰を釜に入れ、海水を加えて濃い塩水にし、上澄みを煮詰めて塩を作ったとされる。現在、霞ヶ浦は人為的に淡水化されてしまったが、古代にはこの浮島周辺には海水が入り込み、海藻が豊かに茂る浅瀬が広がっていたことがうかがえる。

また、戦前の浮島の北岸・小袖ケ浜には、宿泊施設を備えた湖水浴場があり、現代でいうビーチリゾートであった。当時、水郷汽船株式会社が作成した旅行パンフレットの表紙には、「避

図1. 戦前の旅行パンフレットの表紙

42　第Ⅱ部　湖岸をふちどる段丘と湖棚

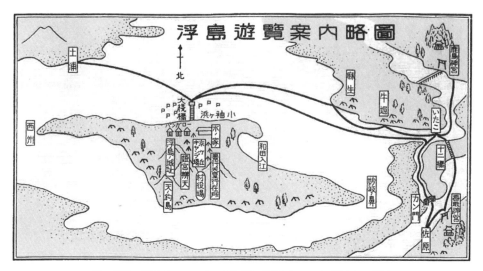

図2. 戦前の旅行パンフレットの裏表紙に掲載されている「浮島」の地図
霞ヶ浦河川事務所より提供。

暑の島 霞ヶ浦 浮島」のキャッチコピーとともに、洒落たバンガローの絵が描かれている（図1）。絵の右側には、「夢の浮島 情けの出島 風に思の 帆がはらむ」という、当時流行っていた「利根の舟唄」（昭和9年、作詞 高橋掬太郎、作曲 古関裕而）の一節が書かれている。裏表紙には、デフォルメされた浮島の地図と、上野発の列車および接続する汽船の時刻表が掲載されており、例えば上野駅を朝6時15分に発てば、土浦で汽船に乗り換え9時15分に浮島に到着。そして浮島から、霞ヶ浦東岸の麻生、さらに潮来や鹿島神宮、佐原・香取神宮などと結ぶ航路があったこともわかる（図2）。

2．幅広い湖棚が縁取る霞ヶ浦の湖岸

　霞ヶ浦には、この小袖ケ浜の湖水浴場をはじめ、浮島対岸の天王崎や北岸の出島地区・歩崎など、1960年代半ば頃まで全部で12カ所の湖水浴場があった[2]（図3）。その後、水質の悪化でこれらの湖水浴場は次々に水質不適となり、1974年には最後まで残っていた歩崎水泳場が閉鎖され、霞ヶ浦には公式の湖水浴場

第 4 章　霞ヶ浦にはなぜ、多くの湖水浴場があったのか？　　43

図 3. かつて賑わっていた昭和 40 年代の天王崎
霞ヶ浦河川事務所より提供。

は無くなってしまった。しかし、かつて霞ヶ浦にはなぜ、それほどの多くの湖水浴場があったのだろうか？
　それは、湖水浴場が開かれた場所の湖底地形と深く関係している。一般に湖の湖岸には、水深数 m 以下のほぼ平坦で、その先が急な斜面となった棚状の湖棚という地形が作られている。湖棚は、波浪や沿岸の流れによって、土砂が堆積あるいは湖岸が侵食されて作られた地形である。内陸の火口・カルデラ湖では、湖棚はあまり広くないが、海岸に位置する面積の大きい海跡湖では、幅が広い湖棚が連続して発達している。なかでも北海道の網走湖、青森県の小川原湖、秋田県の旧八郎潟などには、幅 500 m 以上の湖棚があることが古くから注目されてきた[3]。本章で取り上げた霞ヶ浦にも、水深 0.5 〜 3.5 m、幅 200 m 〜最大 1,000 m に及ぶ広くて連続する湖棚が良く発達している。その湖棚の分布と、かつての 12 カ所の湖水浴場を重ねてみると、湖棚が幅広く発達している箇所に湖水浴場が開かれたことがわかる（図 4）。
　例えば、霞ヶ浦北岸の歩崎付近の志戸崎沖には、霞ヶ浦で最大の幅 1,150 m の湖棚が見られる。ここを含め、湖岸が湖に突き出して岬状になっている北岸の崎

図4. 霞ヶ浦の湖棚・干拓地とかつての湖水浴場の分布

浜、南岸の大須賀津や東岸の天王崎などでは、とくに湖棚の幅が広くなっている。一方、最初に紹介した浮島北岸や、東岸の高須〜今宿〜天王崎間の湖岸では、水深2m以下の湖棚が幅500m前後で、それぞれ延長約5km、同10km以上も連続して発達している[4]。このように幅が最大1,000m以上もある湖棚や、幅500m前後で湖岸に沿って10km以上も連続する湖棚が見られる霞ヶ浦は、日本一湖棚が発達した湖と言えよう。

3. 豊かな水生植物群落と漁業資源を支える湖棚

　湖棚が連続して発達している湖では、湖水浴場の適地となる遠浅の砂浜以外の大部分には、豊かな水生植物の群落地が見られる。湖岸から水深1m以浅の部分にはヨシやマコモ、ガマなどの抽水植物が、その沖側にはヒシやアサザ、ジュンサイなどの浮葉植物、そしてフサモ、クロモなどの沈水植物が生育している（図5）。これらの水生植物群落地は、湖に流入する有機物に富む汚染された水を浄化する能力があり、また魚や貝類、甲殻類の産卵や生育場所にもなっている。

　そのため、豊かな水生植物群落地が広がる湖では、多様な水産資源に恵まれてきた。霞ヶ浦では、生息する魚介類の種類も多く、かつて1965〜75年にかけては、湖岸での張網（定置網）でのエビ、ゴロ（ハゼ類）、フナ、ワカサギ漁や、沖合でのワカサギ・シラウオ曳網漁、イサザ・ゴロ曳網漁などによって、年間1万〜1.7万トンもの漁獲量（霞ヶ浦・北浦）があったとされる[5]。しかし、1971年に始まった霞ヶ浦開発事業[6]によって、湖岸の水生植物群落地は急減し、最近10年間ほどの漁獲量は、年500〜700トンほどと低迷している。

　霞ヶ浦開発事業開始直後の1972年には、湖岸に抽水植物群落が約423 ha、浮葉植物群落が約32 ha、そして沈水植物群落が約748 haあったが、事業完成後の2002年の調査では、抽水植物群落が159 ha（1972年の38%）、浮葉植物群落が8 ha（同25%）に減少し、沈水植物群落は0.07 haとほぼ消滅してしまった[7]。

図5. 自然再生事業によって再生した水生植物群落地
2009年8月2日筆者撮影。

46   第Ⅱ部　湖岸をふちどる段丘と湖棚

　以下では、湖水浴場の適地であり、また湖の生物生産を支える重要な湖棚が、なぜ霞ヶ浦では日本一幅広く、また連続して発達しているのか、その秘密を探ってみたい。

4. 2つのタイプに分かれる霞ヶ浦の湖棚

　霞ヶ浦の湖棚について、地理院地図の湖沼データ[8]や、湖底の地形改変が行われる以前の 1958 ～ 1960 年測量の 1 万分の 1 の湖沼図を利用して、湖棚の微地形を見てみよう。そうすると、霞ヶ浦の幅広い湖棚は、以下の 2 つのタイプがあることに気づく。

　1 つは、現在の湖岸線に沿ってほぼ連続して発達する水深 0.5 ～ 2.0 m の湖棚である。はじめに述べた浮島の小袖ケ浜沖合の湖棚がその代表例で、ここでは水深 0.5 ～ 2.0 m のほぼ平坦な地形面が、幅 300 ～ 600 m で延長約 5 km 続いている。1 万分の 1 湖沼図に記された底質記号をみると、湖棚上は S（砂）とされていることから、湖水浴場が開かれた湖底は、泥っぽい干潟のような場所ではなく、一般の海岸の海水浴場と同じような砂地であったことが理解できる（図6）。

　また、この平坦面上に描かれた等深線に注目すると、幅数十 m、長さ数百 m、比高 0.5 m 以下の細長い微高地や微凹地が複数認められる。これら湖棚上の微地形は、湖岸線に並行して形成されており、湖の表層の湖流や沿岸流と密接に関連した地形と考えられる[9]。この湖棚の沖側の縁は、比高約 2.5 ～ 3.0 m、勾配 20 / 1,000 以上の斜面（湖棚崖）となり、その先には底質が M（泥）と記された水深 4.5 ～ 5 m のきわめて平坦な湖底平原が広がっている。

　もう 1 つのタイプは、浮島対岸の天王崎沖の湖棚である（図 7）。ここでは、深さの異なる 2 段の平坦面（水深 0.5 ～ 1.5 m および水深 2.0 ～ 2.5 m）と、その間の比高約 0.5 m の斜面が存在することがわかる。このうち、浅い方（上位）の平坦面上には、先の浮島北岸で見たように、幅数十 m、長さ数百 m、比高 0.5 m 以下の微高地や微凹地が認められるのに対し、深い方（下位）の平坦面上にはそのような微地形は発達していない。

　このように、水深や微地形が異なる上下 2 段の平坦面からなる湖棚は、天王崎のほか北岸の志戸崎や南の大須賀津のように、湖岸が湖に突き出した岬状の箇所に

第 4 章　霞ヶ浦にはなぜ、多くの湖水浴場があったのか？　　47

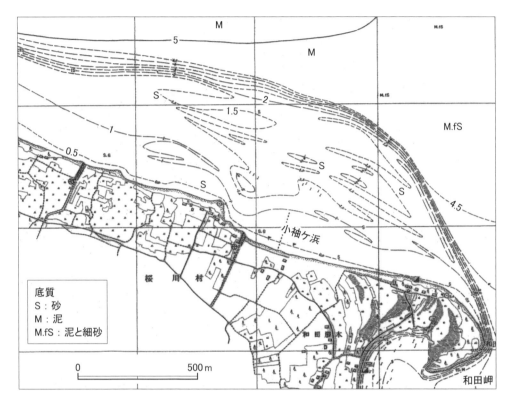

図 6. 霞ヶ浦の浮島北岸に広がる幅 300 ～ 600 m の湖棚
1958 年測量の 1 万分の 1 湖沼図に加筆。

見られる。そのような場所の湖棚は、水深 0.5 ～ 2.0 m の平坦面だけからなる湖棚より幅が広く、上下 2 段の平坦面を合わせた全体の幅は最大 1,000 m を超えている。

そして、湖沼図に記された底質記号に注目すると、浅い上位面の底質が砂（S）であるのに対し、深い方の面の底質が粗い砂（cS）となっていることに気づく。一般的な砂質海岸では、海岸からの距離がおおよそ 100 ～ 200 m 付近までの海底には、淘汰の良い中・細粒の砂が堆積し、その沖合ではより細粒の堆積物となっている。

しかし、天王崎沖の湖棚では、浅い平坦面上の砂より深い平坦面上の砂が粗くなっている。筆者も、かつてこの天王崎の湖棚上の 6 カ所の表層堆積物を採

第II部　湖岸をふちどる段丘と湖棚

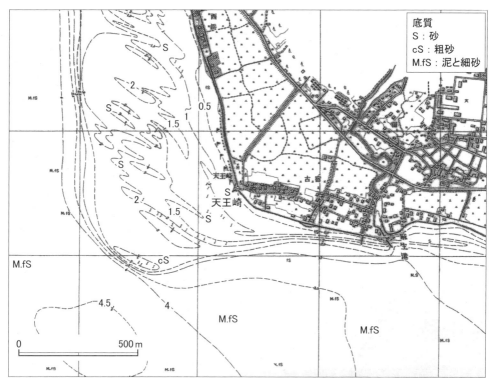

図 7. 浮島対岸の天王崎の水深が異なる 2 段の平坦面からなる湖棚
1958 年測量の 1 万分の 1 湖沼図に加筆。

取し、その粒度分析を行ったが、やはり下位面の砂が上位面の砂より明らかに粗くなっていた[10]。また、霞ヶ浦や涸沼で、湖岸の漂砂が移動する水深の限界は約 0.6 m とされている[11]。これらの事実は、2 段の平坦面のうち下位面は、現在の波浪や沿岸流で作られている地形ではなく、過去に現在より湖水位が若干低い時期に作られた地形で、その後湖水位が上昇し当時の地形がそのまま残されたものと考えられる。このような地形を沈水地形という。

5. 今から約3,000年前の「弥生の小海退」

　一般に、湖棚が発達する条件として、①水位が一定している、②波浪・潮流が大きい、③湖岸が緩斜している、④湖岸の地質が粗いことなどが挙げられている[12]。たしかに、内陸の火口・カルデラ湖に比べて海跡湖で湖棚がよく発達するのは、これらの条件が深く関与している。しかし、これらの条件に加えて、さらに以下の2つの要因が深く関与していると考えられる。

　その1つは、前述したように、現在より湖水位が若干低い時代に作られた過去の地形（沈水地形）が、現成の湖棚より少し深い位置に残っている、または現在の湖棚がそれを土台として上に重なるように作られたことが、幅広い湖棚の成因と考えられる[13]。湖水位が現在より若干低い時代について、日本各地の海岸砂丘中に認められるクロスナ層（植物起源の腐食物を含むため、暗褐色〜黒色に見える砂層）の研究などから、完新世後半の今から2,000〜3,000年前に、現在より2〜2.5m海面が低くなったとされてきた[14]。いわゆる「弥生の小海退」と呼ばれる現象である。

　しかし「弥生の小海退」については、日本では世界的規模の海面の変動（ユースタシー）によるものか、あるいは地域的な地殻変動（テクトニック）によるものかという議論が続いてきた。そして1990年代以降は、海水性地殻均衡（ハイドロアイソスタシー）の理論[15]から、その認定には問題があるとされた。ところが近年、利根川低地最奥部でのボーリングコア堆積物の分析から、海水準の変動を復元した研究によると、今から約4,000年前頃から海水準が低下し始め、約3,000年前には標高−2.2mまで低下し、その後2,000年前頃にほぼ現在の水準まで上昇したとされている[16]。これに従えば、霞ヶ浦の湖岸では、約3,000年前に現在より2mほど湖水位が低下し、その後現在の水準まで回復する間に、現成の湖棚よりやや深い位置に、当時の湖水位に対応した地形が作られたと解釈できる。

6. 湖岸低地の地下に存在する鬼怒川の河岸段丘

2つ目の要因については、もう少し広い範囲とより長い時間スケールで考える必要がある。すなわち、現在の霞ヶ浦の湖岸に堆積している砂層や、湖底に堆積している貝殻混じりのシルト・粘土層からなる沖積層に覆われた地形、すなわち霞ヶ浦の湖盆の原型に注目してみたい。そこで、霞ヶ浦南岸の大山と東岸の今宿を結ぶ線で、湖岸－湖盆の地形・地質断面図を作成した。それをみると、現在の霞ヶ浦の湖岸低地と湖底の地下の、深度－5m付近と同－15m付近に、それぞれ厚さ約5mと同10mの礫層が作る、2段の平坦な地形面があることがわかる（図8）。

この砂礫層からなる2段の平坦面は、かつて鬼怒川が小貝川低地を流れ、桜川低地から土浦入りを経て、現在の霞ヶ浦の中央部分を南東方向に流れ下っていた当時の河床で、その後段丘化しさらに沖積層に覆われた埋没河岸段丘面である[17]。これらの2段の河岸段丘面は、上流側ではそれぞれ立川Ⅰ面、立川Ⅱ面に連続し、それらを覆うローム層の年代から、これらの地形面が作られたのは、それぞれ上位面が今から約3.5万年前、下位面が同約2.8万年前とされている[18]。なお、これらの段丘面を刻んでいる2つの深い谷の中の深度－40mより深い部分にある礫層は、約2万年前頃の最終氷期極相期に堆積した沖積層の基底礫層

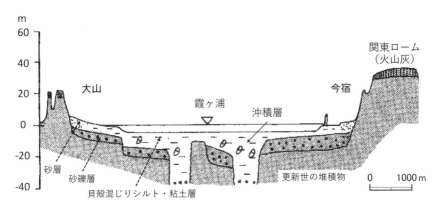

図8. 霞ヶ浦の湖盆の地形・地質断面図
平井（1994）[17]の図Ⅱ-11を改変・加筆。

（BG）に相当する砂礫層である。

　すなわち、霞ヶ浦の湖盆の原型は、最終氷期にここを流れ下っていた鬼怒川が作った谷地形である。ただしその谷は、東京低地の地下にある最終氷期極相期に形成された深度 − 40 m 〜 − 60 m で、幅が数 km もある深くて大きな谷[19]ではなく、先に述べたように 3.5 万〜 2.8 万年前に作られた深度約 − 5 m と、同 − 15 m の河岸段丘面が大部分を占める浅くて幅の広い谷である。この谷を埋めるように、沖積層が薄く堆積し、その埋め残された部分が現在の霞ヶ浦（最大水深は 6 m）ということになる。

　このように、霞ヶ浦では湖岸付近の比較的浅い地下に、平坦で幅広い埋没河岸段丘面が存在し、それを軟弱な沖積層が薄く覆っている。このような地形や地質の条件が揃ったことが、現在の霞ヶ浦の湖岸に幅広い湖棚が連続して発達した、もう 1 つの重要な要因と考えられる。

7．霞ヶ浦の湖棚は、なぜ日本一広いのか？

　すなわち霞ヶ浦で、湖棚が幅広く連続して発達しているのは、本章の 5. で最初に挙げた現在の地形・地質の条件だけでなく、最終氷期の約 3.5 万年前に鬼怒川が作った、沖積層下の埋没河岸段丘面の存在と、約 3,000 〜 2,000 年前に湖水位が 2 m ほど低下したという、完新世後半の海水準変動が深く関わっている。

　ここで指摘した沖積層の下に埋没している過去の地形の存在や、完新世後半における海水準の変動は、実は霞ヶ浦だけではなく、全国の海跡湖においても共通している[20]。とくに、古くから幅広い湖棚の存在が注目されてきた網走湖や小川原湖でも、同じような説明が可能である。この点を含め、海跡湖の起源と生い立ちについては、改めて第 10 章で述べたい。

【注】

[1] 平凡社編（1982）『日本歴史地名体系 第 8 巻 茨城県の地名』平凡社：614-615.

[2] 霞ヶ浦市民協会（2000）「霞ヶ浦情報マップ（歴史文化編）」霞ヶ浦市民協会：48p.

[3] 吉村信吉（1937）『湖沼学』三省堂：p42.

52 第Ⅱ部　湖岸をふちどる段丘と湖棚

[4] 湖棚は浅くてほぼ平坦な地形であることから，昭和の初めから同40年代前半まで複数箇所で干拓事業が実施された．東岸の今宿南側の干拓地は小高干拓地で，1938年に竣工した．

[5] 霞ヶ浦研究会（1994）『ひとと湖とのかかわり－霞ヶ浦－』STEP：49-54.

[6] 霞ヶ浦の湖岸に堤防を築造し，沿岸部を洪水から防御するための治水事業と，霞ヶ浦を貯水池として利用し灌漑用水・都市用水を開発するための利水事業で，1971年に当時の水資源開発公団によって開始され，1996年に完成した．

[7] 桜井善雄・国土交通省霞ヶ浦河川事務所（2004）『霞ヶ浦の水生植物1972～1993変遷の記録』信山社サイテック：307p.

[8] 1988～1990年の測量データに基づいて，2018年にデータ化されたもの．

[9] 宇都宮陽二郎（1979）「霞ヶ浦の湖底地形とその堆積速度について」国立公害研究所報告書6：7-21.

[10] 平井幸弘（1987）「霞ヶ浦における湖棚の構造と成因」地理学評論60：821-834.

[11] 宇田孝明・赤穂俊作・今井武雄（1987）「霞ヶ浦における風波による湖浜変形の実態」土木学会論文集381/Ⅱ・7：161-170.

[12] 前掲［3］.

[13] 平井幸弘（1989）「日本における海跡湖の地形的特徴と地形発達」地理学評論62-2：145-159.

[14] 井関広太郎（1983）『沖積平野』東京大学出版会：p145.

[15] 海水の量の増減にともなって，地殻が新たな均衡状態を作るという考え方．例えば，南極などの氷床が融けて海洋に流れ込むと，その海水の荷重で海底が圧迫され，海洋底が緩慢に沈降し，大陸縁辺部が隆起するとされる．

[16] 田辺 晋・堀 和明・百原 新・中島 礼（2016）「利根川低地における「弥生の海退」の検証」地学雑誌122：135-153.

[17] 平井幸弘（1994）「日本における海跡湖の地形発達」愛媛大学教育学部紀要Ⅲ自然科学14-2：1-71.

[18] 遠藤邦彦・関本勝久・高野 司・鈴木正章・平井幸弘（1983）「関東平野の《沖積層》」アーバンクボタ21：26-43.

[19] 貝塚爽平・小池一之・遠藤邦彦・山崎晴雄・鈴木毅彦 編（2000）『日本の地形4 関東・伊豆小笠原』東京大学出版会：210-211.

[20] 前掲［17］.

第5章
海跡湖の湖盆を取りかこむ 更新世段丘と湖岸低地

Key words：湖岸段丘、海水準変動、条里水田

1. 広々とした霞ヶ浦の湖岸景観

　第4章では、霞ヶ浦にはなぜ多くの湖水浴場があったのかについて、湖岸沖合に広がる湖棚という地形に注目した。国土地理院の1万分の1湖沼図や地理院地図の湖沼データを参考にすると、霞ヶ浦湖岸の水深0.5〜3.5 mに、幅200 m〜最大1,000 mのほぼ平坦な湖棚が連続するように発達している。その湖棚は砂質堆積物で覆われていることから、霞ヶ浦の湖岸の多くの場所がまさに湖水浴場として適していた。それが、霞ヶ浦に多数の湖水浴場が開かれた1つの要因であることを述べた。

　一方、湖水浴場とは反対の内陸側には、標高数 m以下、幅数百 mの低地が湖岸に沿って連続して広がっている。この湖岸の低地は、一般に水田として利用されている。ただし、霞ヶ浦西部の土浦入り北岸では、1970年に始まった米の生産調整もあってレンコン（蓮根）の栽培が発展し、現在は湖岸の低地一面に蓮田が広がっている（図1）。7月中旬から8月中旬には、ハス（蓮）の白やピンクの清楚な花が咲き誇り、この地域の風情ある景観を作り出している。

　水田や蓮田として利用されている湖岸低地の背後には、標高25〜35 mの平坦な台地が広がっている。この台地と低地の境は、比高20〜25 mほどの段丘崖と呼ばれる急斜面となっている。そこには、シイ、タブ、クスノキなどの常緑広葉樹や、植林されたスギ、マツ、モミなどの針葉樹あるいは竹林が密集する樹林帯となっている[1]。図1は、土浦入り北岸の台地の縁に建つ茨城県霞ヶ浦環境科学センターから撮影した写真で、広葉樹や竹林が茂る段丘崖と、その直下に蓮田より数 m高い帯状の土地に立地する集落、そして標高1〜2 m以下の低地に広がる蓮田が眺められる。さらに、霞ヶ浦の水面をはさんだ対岸にも、

第Ⅱ部　湖岸をふちどる段丘と湖棚

図1. 霞ヶ浦土浦入りの湖岸低地に広がる蓮田
霞ヶ浦環境科学センターより、2024年7月1日筆者撮影。

樹林に覆われた段丘崖とその背後に平坦な台地が広がっているのが確認できる。

　このように、霞ヶ浦の湖岸や台地の縁からの眺望は、空が大きく広がり、開放的な湖岸景観をなしていることが実感できる。それとは対照的に、火口やカルデラを起源とする湖では、湖岸低地はほとんど見られず、湖面は火口・カルデラ壁がなす急斜面で囲まれ、神秘的な雰囲気を醸し出している。

2. 海跡湖に共通して見られる更新世段丘と湖岸低地

　本章の1.で述べた霞ヶ浦の湖岸地形の特徴を、地理院地図で作成した3D地図で確認してみよう（図2）。図2は、地理院地図の土地の陰影起伏図に治水地形分類図を重ねて、高さを水平の10倍に誇張して作成した3D地図である。
　まず目につくのは、湖盆を取りかこむように広がる標高25～30mの平坦な台地である。このうち、土浦入りの北側が新治台地、同南側が稲敷台地と呼ばれる。これらの台地は、現在より約13万年～8万年前の最終間氷期に作られた更新世の海成段丘である。図の中央奥には、桜川の作る氾濫原と三角州からなる桜川低地が見える。この桜川のほか、北側の新治台地を刻んで薗部川、恋瀬川が、そして南側の稲敷台を刻んで小野川などの小河川が、霞ヶ浦に流れ込んでいる。台地と湖岸低地との境は、先に述べたように比高約20～25mの段丘崖となっていることがよくわかる。

第 5 章　海跡湖の湖盆を取りかこむ更新世段丘と湖岸低地　　55

図 2. 霞ヶ浦西部の土浦入りの 3D 地図
地理院地図＞陰影起伏図と治水地形分類図を 3D 化（縦横比＝ 10:1）し、文字を加筆。

　段丘崖と湖岸との間には、標高約 5 m 以下の湖岸低地が、湖盆を縁どるように連続して分布する。地理院地図の「治水地形分類図」では、湖岸低地のうち最も湖岸側を「後背湿地」、その内陸側を「氾濫平野」、そして段丘崖の直下に湖岸線と並行して細長く延びる「砂州・砂丘」の 3 種に分類している。しかしこれらの地形区分は、全国の治水地形分類図の共通分類なので、霞ヶ浦の湖岸低地での分類としては適切ではない。湖岸低地の詳細な地形の特徴については、本章の 5. で述べる。

　このような湖盆を取り巻く更新世段丘と段丘崖、そして湖岸を縁どる標高約 5 m 以下、幅数百 m の湖岸低地という地形の組み合わせは、霞ヶ浦だけでなく日本各地の面積約 5 km² 以上の比較的大きな海跡湖で、共通して見られる特徴である。例えば、北海道のサロマ湖、青森県の小川原湖や十三湖、秋田県の旧八郎潟、新潟県・佐渡島の加茂湖、静岡県の浜名湖、山陰の宍道湖などでも、更新世に形成された段丘が湖岸と山地・丘陵との間に分布し、それぞれの湖岸には幅数百 m の湖岸低地が発達している。

　そこで以下では、このような日本の海跡湖に特徴的な、湖盆を取りかこむ更新世段丘と湖岸低地の地形について、この地形がいつどのようにどうして作られたのか、また湖岸に住む人々にとってこの地形がどのように認識され、またどのように利用されてきたのかについて述べる。

3. 湖盆を取りかこむ更新世段丘

日本の比較的面積の大きな海跡湖では、各湖盆の周囲に更新世の段丘地形が広がっている。これらは、主に海浜性の細砂〜砂礫層、また内湾性の粘土〜シルト層から構成される海成段丘で、今から約13万年〜8万年前の最終間氷期に作られたものである[2]。これらの段丘面の現在の高さは、それぞれの地域における地殻変動の速さの違いや、段丘面上の砂丘の発達の有無などよって、標高約10〜40mまで幅がある。

例えば、小川原湖を取り巻く下北半島基部の三本木原や霞ヶ浦が位置する関東平野北東部のように、緩やかに隆起している所では、現在の段丘面は標高約30〜35mである。これに対し、サロマ湖のあるオホーツク海沿岸中部、十三湖のある津軽平野、八郎潟の北西部、そして宍道湖のある出雲平野などのように、隆起速度がより緩やかな場所では、現在の段丘面の標高は約10〜15mとなっている。

これらの段丘面の湖を望む縁には、いずれも数多くの縄文時代の貝塚が残されている。例えば、小川原湖東岸の標高30mの台地（高館面）の縁とその南側斜面に広がる野口貝塚や、霞ヶ浦南岸の標高約25〜30mの稲敷台地上の陸平貝塚などは、規模も大きく古くから発掘と研究が積み重ねられている。

4. 湖の資源を持続的に利用した縄文人

縄文時代早期（11,500〜7,000年前）から前期（7,000〜5,500年前）にかけては、後氷期のいわゆる縄文海進によって、現在の海跡湖の範囲を超えて低地の奥深くまで内湾が広がっていた。その海岸線は、段丘崖直下まで迫っていたため、人々は内湾を取りかこむ段丘面を拠点として生活を営み、内湾で採取した魚介類をそこで処理した。そしてその残滓が、湖を臨む台地の縁〜湖岸低地にかけて多量に廃棄され、現在見る貝塚となったのである。

小川原湖東岸の野口貝塚は、縄文時代早期中葉〜前期初頭の遺跡で、1962年に立教大学による発掘が行われ、その後2013年から三沢市教育委員会による継続的な発掘調査が実施されている（図3）。1962年の発掘では、縄文時代

図3. 小川原湖東岸の段丘の縁から斜面にかけて広がる野口貝塚
左手奥が小川原湖、2019年10月9日筆者撮影。

早期末〜前期初頭の貝塚が確認され、縄文時代早期から晩期（3,200〜2,400年前）の各時期にわたる複合遺跡であることが明らかにされた。このうち、縄文晩期の遺物として、亀ヶ岡文化期の漆塗土器や遮光器土偶（三沢市の指定文化財）など優れたものが出土している[3]。貝塚では、下位の貝層（早期末葉）で、アサリ0.6％、ハマグリ70％の比率であるのに対し、上位の貝層（前期初頭）ではアサリ60％、ハマグリ7％と比率が逆転しており、この間の内湾環境の変化が推測された[4]。その後2015年の発掘では、前期初頭の貝層のさらに約30 cm下から、縄文早期中葉（約8,000年前）と推定される貝層が検出され、この時代の貝塚として東北以北で最古級とされている[5]。

　この野口貝塚のほか、小川原湖を取りかこむ更新世段丘の縁には、縄文時代早期後半から中期後半にかけての数多くの貝塚が密に分布している。それらの貝塚遺跡は、全体として見ると縄文時代早期後半〜前期初頭（Ⅰ期）、同前期末葉〜中期前半（Ⅱ期）、同中期中葉〜中期後半（Ⅲ期）の3つの時期に集中して形成されている。各貝塚から出土する貝殻は、Ⅰ期が内湾性砂質浅海性のハマグリやアサリ、Ⅱ期が外洋性のホタテガイやアカニシ、Ⅲ期が砂泥潟汽水性のカキやヤマトシジミを主体としている[6]。

58　第Ⅱ部　湖岸をふちどる段丘と湖棚

　このように貝塚の主体をなす貝の種類の変化から、縄文海進がこの地に及び始めたⅠ期、縄文海進最盛期の海水準が最も高かったⅡ期、そして海進のピークを過ぎ、内湾の入り口に砂州が発達してやや閉塞的な環境に変化したⅢ期という、当時の内湾環境の変遷が読み取れる。この地の縄文時代の人々は、内湾〜湖を臨む標高 30 m 前後の段丘面を拠点としながら、そのような環境変化にうまく対応し、食料となる魚介類を長い期間にわたって持続的に採取・利用していたと言えよう。

5. 湖岸を縁どる 2 段の湖岸段丘

　すでに本章の 2. でも述べたように、霞ヶ浦をはじめ日本の海跡湖の多くの湖岸には、一般に標高約 5 m 以下、幅数百 m の低地が湖岸を縁どるように連続して作られている。この低地は、詳細に観察すると一続きの滑らかな地形ではなく、多少の差はあるものの、概ね標高 2 〜 5 m と同 1 〜 3 m の 2 段の平坦面と、標高おおよそ 1 m 以下の現成の砂浜・湖岸湿地の 3 種類の地形に区分できる[7]。以下では、標高の高い方の平坦面を湖岸段丘Ⅰ、低い方を湖岸段丘Ⅱと呼ぶことにする。

　湖岸段丘Ⅰは幅約 100 〜 200 m で、更新世段丘の段丘崖直下に湖岸線とほぼ並行して分布している。その湖側の縁には、比高約 1 m、幅数十 m の浜堤や、それを風成の砂が覆った比高数 m の砂丘が見られる所もある。

　これに対し湖岸段丘Ⅱは、幅約 100 〜 500 m で、湖岸段丘Ⅰに比べると分布範囲が広く、しかも連続して発達している。この面の湖側の縁にも、比高 1 m 前後の砂や礫からなる浜堤が形成されている場合がある。湖岸段丘Ⅱと湖岸の現成の砂浜・湿地との境は、湖水面と比高約 0.5 〜 1 m の小崖をなっている場所と、前者からなだらかに後者に連続している場合がある。湖岸段丘Ⅱは異常の洪水時には一部冠水し、地表面が若干変形されることはあるが、地形面としての形成はすでに終了し、現在は段丘化した地形と考えられる。

　霞ヶ浦南東岸の天王崎の東側に位置する行方市粗毛付近の湖岸には、標高約 4 m の湖岸段丘Ⅰと標高 1.3 m 前後の湖岸段丘Ⅱが見られ、それぞれの段丘面の湖側には、比高約 2 m と同約 1 m の浜堤(一部砂丘が覆う)が発達している(図 4)。

第5章 海跡湖の湖盆を取りかこむ更新世段丘と湖岸低地

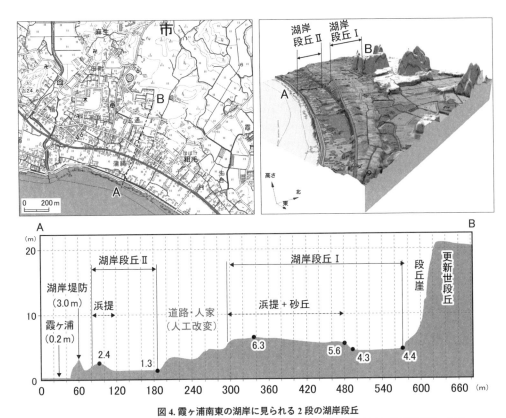

図4. 霞ヶ浦南東の湖岸に見られる2段の湖岸段丘

すべて地理院地図を基に作成。左上：A、Bとその間の破線は、右上の3D地図と下の地形断面図の位置に対応。右上：3D地図は陰影起伏図と自分で作る色別標高図を3D化（縦横比＝10:1）。下：地形断面図は縦横比＝10:1、水平距離、高さとも単位はm。

　1947年発行の5万分の1地形図では、湖岸段丘Ⅰ上の浜堤と、湖岸段丘Ⅱの湖側にある浜堤上に集落が街村をなし、それぞれの集落背後の土地は水田として利用されている。当時この地域の主要な道路は、湖岸段丘Ⅰ上の浜堤の最も湖側の縁をなぞるように走っていた。現在の国道355号は、一部がその旧道沿いの集落を迂回するように、湖岸段丘Ⅱの最も内陸側（湖岸段丘Ⅰの直下）に建設されている。

6. 湖岸段丘面上の製塩遺跡と条里水田

　現在の湖水面から数 m 高さのある湖岸段丘について、いつ頃どのように人々が利用し始めたのか、以下で検討しよう。霞ヶ浦南西岸の湖岸段丘Ⅰ上には、縄文時代前期中葉以降の遺跡が多数立地しているが、そこでの生業活動が盛んになるのは、製塩土器で知られる広畑貝塚の貝層が形成される縄文時代後期（4,400 年前～ 3,200 年前）中葉以降とされている[8]。広畑貝塚は、浮島の西側約 5 km、稲敷市飯出にある縄文時代後期から晩期（3,200 年前～ 2,400 年前）前半の貝塚遺跡で、湖岸段丘Ⅰ上に立地し、1960 年の発掘で灰層を伴う多量の製塩土器の存在が明らかにされた[9]。

　この付近では、第 4 章の 1. で紹介したように「常陸国風土記」に記された「火塩為業」（塩を火きて業と為す）ような状況が、縄文時代晩期のおおよそ 3,000 年前以降、少なくとも風土記が編纂された奈良時代初期まで行われてきたことがわかる。すなわち縄文時代後期以前は、集落は湖盆を取りかこむ段丘面上にあったが、縄文時代後期～晩期頃には、湖岸段丘Ⅰ上でも集落が営まれ、様々な生産活動が行われるようになったと言える。

　これに対し、湖岸段丘Ⅱ上での人々の積極的な土地利用や生産活動は、比較的新しいと考えられている。例えば、霞ヶ浦や北浦では、2 段の湖岸段丘のうち湖岸段丘Ⅰ上にのみ条里制の遺構が復元でき、湖岸段丘Ⅱ上には

図 5. 北浦東岸の湖岸段丘面Ⅰ上の条里制の名残りの土地割
「明治前期 2 万分 1 フランス式彩色地図」（農研機構農業環境研究部門 歴史的農業環境閲覧システム[11] より）標高 1.5 ～ 2 m より低い湖岸段丘Ⅱの範囲には、条里水田の区分は認められない。

認められない（図5）。この事実から、湖岸段丘Ⅱは、条里造成期（大化2（646）年〜平安時代初頭頃まで）以降に、離水した地形と考えられている[10]。

7. 海面の変動が作り出した湖岸の地形

本章の5.と6.で述べた湖岸低地に発達する2段の湖岸段丘と、第4章で述べた湖岸沖合の2段の湖棚は、日本の主な海跡湖に共通して見られ、それらの各地形面の高度はほぼ揃っている（表1）。この事実から、海跡湖の湖岸段丘や湖棚の形成は、ばらばらに起こったのではなく、それぞれの湖が海とつながっているため、世界的規模の海水準の変動に連動して、ほぼ一様に起こったと考えられる[12]。

このうち、2段の湖岸段丘は、過去の現在より湖水位が高い時期に作られた当時の湖岸の湿地および湖浜と湖棚の一部である。霞ヶ浦南岸の美浦村上新田で、湖岸段丘Ⅰを構成する堆積物中の木片の^{14}C年代は6,710 ± 190BP.[13]で、オホーツク海沿岸中部の常呂低地での湖岸段丘Ⅰに対比される上位沖積面の堆積物中のマガキの^{14}C年代は5,840+140-150BP.[14]であることなどから、湖岸段丘Ⅰは後氷期の縄文海進最盛期直後（約6,000〜5,000年前）頃までに形成

表1. 日本の主な海跡湖における湖岸段丘面の標高および湖棚の水深

湖沼	面積 (km^2)	平均水位 (m)	湖岸段丘 (m)		湖棚 (マイナス m)	
			Ⅰ面	Ⅱ面	上位面	下位面
サロマ湖	151.6	0	3〜5	2〜3	0.4〜0.5	1.6〜2.5
能取湖	57.9	0.11	2.5〜4.1	2.0〜3.6	0.1〜1.6	2.6〜3.6
網走湖	34.1	0.40	1.3〜1.8	0.8〜1.9	0.4〜1.4	1.7〜2.7
小川原湖	62.3	0.56	3〜4	1.0〜1.5	0.5〜1.5	2.0〜2.5
十三湖	20.6	0	3〜5	1.5〜2.5	0.0〜0.5	-
八郎潟	220.4	0	4.5	3.5	0.0〜1.0	2.0〜2.5
霞ヶ浦	167.7	0.16	4〜6	1〜2	0.5〜2.0	2.0〜3.5
北浦	36.1	0.16	4〜6	1.5〜2.6	0.5〜1.5	1.5〜2.0
中海	97.7	0	2.0〜3.5	2.0	0.5〜2.0	2.0〜3.5
宍道湖	79.7	0	3.9〜4.3	2.1〜2.3	0.5〜1.5	1.5〜3.5

（平井、1994[13]を一部修正）

され、離水した地形であると考えられている。湖岸段丘Ⅱは、これに対比される地形面を構成する堆積物中の火山灰の噴出年代や ^{14}C 年代から、最終的に約1,000年前頃までに離水したと考えられている[15]。

一方、2段の湖棚のうち、上位面とした浅い方の湖棚は、現在の波浪や沿岸流によって形成されている現成の地形面である。深い方の下位面は、第4章の霞ヶ浦の湖棚で述べたように、約3,000年前に現在より2mほど海水準が低下した時期に作られた可能性がある。この下位面の形成時期を決めるような直接的な証拠は得られていない。しかし少なくとも、縄文海進の最盛期以降、現在に至るまでのある時期に、海面（＝湖面）が現在より若干低下した時期に形成されたと考えられる。

したがって、海跡湖の湖岸の2段の湖岸段丘が認められる幅広い湖岸低地、および2段の湖棚からなる沿岸の地形は、完新世の海水準の変動によって作り出された海跡湖に特徴的な地形と言える。田沢湖や十和田湖など日本に多く分布する火口湖・カルデラ湖や、中禅寺湖や富士五湖などの火山性の堰き止め湖、あるいは琵琶湖や諏訪湖などの構造運動によって形成された湖では、現成の湖岸付近の地形を除いて、海跡湖のようにほぼ共通する高度や水深を有する過去に形成された湖岸や沿岸の地形は認められない。

第4章および本章で述べてきたように、縄文時代から近年まで、そこに住む人々は海跡湖の湖岸と沿岸に広がる特徴的な地形を、うまく活かしながら様々に利用してきた。しかし近代においては、ある特定の目的のためにその地形を大きく改変し、利用するようになった。これについては、次章で、人は何のためにどのように湖岸の地形を改変してきたのかについて検討したい。

第 5 章　海跡湖の湖盆を取りかこむ更新世段丘と湖岸低地　　63

【注】

［1］平井幸弘（1995）『湖の環境学』古今書院：14-26.

［2］平井幸弘（1994）「日本における海跡湖の地形発達」愛媛大学教育学部紀要 III 自然科学 14（2）：10-30.

［3］これらの発掘された資料などは，野口貝塚より約 3.5 km 南にある三沢市歴史民俗資料館（三沢市大字三沢）に展示されている．

［4］鈴木克彦（1986）『日本の古代遺跡 29 青森』保育社：108-119.

［5］三沢市教育委員会（2015）『野口貝塚 早稲田（1）貝塚』三沢市教育委員会：9p.

［6］前掲［4］.

［7］平井幸弘（1994）「日本における海跡湖の地形発達」愛媛大学教育学部紀要 III 自然科学 14（2）：45-48.

［8］亀井 翼（2018）「湖岸の地形発達と遺跡形成」阿部芳郎編『霞ヶ浦の貝塚と社会』雄山閣：121-134.

［9］近藤義郎（1962）「縄文時代における土器製塩の研究」岡山大学法文学部紀要 15：1-19.

［10］籠瀬良明（1976）「北浦・霞ヶ浦の条里水田と用水」日本地理学会予稿集 10：216-217.

［11］農業環境研究所 農研機構農業環境研究部門 歴史的農業環境閲覧システム．https://habs. rad.naro.go.jp/habs_map.html?zoom=13&lat=35.77792&lon=140.3158&layers=B0（最終閲覧日：2024 年 6 月 1 日）.

［12］平井幸弘（1989）「日本における海跡湖の地形的特徴と地形発達」地理学評論 62：145-159.

［13］前掲［10］.

［14］海津正倫（1983）「常呂川下流低地の地形発達」地理科学 38：1-10.

［15］前掲［12］.

第 6 章
人は湖岸をどのように改変してきたのか？

Key words：水資源開発、連続湖岸堤防、砂利採取

1. 地形を活かした土地利用の変容

　霞ヶ浦では、湖岸に沿って水深 0.5 〜 3.5 m、幅 500 m 前後のほぼ平坦な湖棚が発達しており、それが霞ヶ浦に多数の湖水浴場が開かれた要因の 1 つであり、また多様な水生植物群落地が発達する場、そして重要な漁業資源であるワカサギやシラウオ、エビ類の産卵や稚魚の保育の場であることを、第 4 章で述べた。

　一方、海跡湖を取りかこむ更新世段丘（台地）の縁には、主に縄文時代早期〜前期にかけての貝塚遺跡が多数残されている。また、湖辺の低地には 2 段の湖岸段丘が見られるが、このうち上位の湖岸段丘面上では、例えば霞ヶ浦では縄文後期〜古代に製塩を行う集落が立地し、奈良時代以降は条里水田が造成され稲作が営まれるようになったことを、第 5 章で述べた。すなわち、海跡湖の湖岸およびその周辺に暮らす人々は、海跡湖に特徴的な湖岸および沿岸の地形や植生を大きく改変することなく、巧みにそれぞれの時代の生活や生業に利用してきたと言えよう（図1）。

　しかしながら、第二次世界大戦後から 1960 年代にかけては、食糧（米）の増産を目的として、日本各地の海跡湖および琵琶湖の内湖を対象とした大規模な国営干拓事業が行われた。例えば、八郎潟干拓（1957 〜 64 年）や河北潟干拓（1964 〜 71 年）、印旛沼干拓[2]（1946 〜 68 年）などである。

　そして、日本社会が高度経済成長を経た 1970 年代以降は、主として都市・工業用水として新規の水資源開発のために、湖と海との連絡口である湖口を締め切り、本来は海水と淡水が混じり合う汽水域となっている湖水を淡水化し、人為的に湖の水位を管理する開発事業が各地で計画された。そのうち、青森県の小川原湖や鳥取・島根両県にまたがる中海などでは、紆余曲折を経て最終的に淡水化は中止となった。

第 6 章　人は湖岸をどのように改変してきたのか？　　65

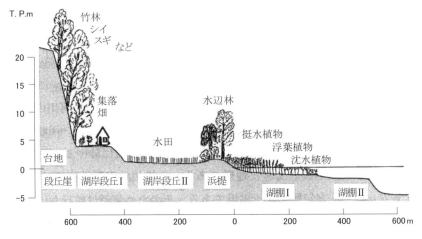

図 1. 湖岸の伝統的な土地利用（模式図、1960 年頃まで）
平井（1994）[1] の図 8.1 に加筆。

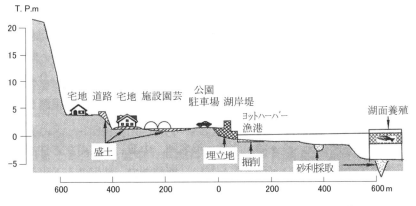

図 2. 開発事業などによって人工化された湖岸（模式図、1970 年代以降）
平井（1994）[1] の図 8.6 に加筆。

　しかしながら、最大規模の事業が計画された霞ヶ浦では、1971 〜 96 年にかけて事業が実施され、1996 年からは当初計画に基づいて湖の水位管理が始まった。その結果、かつて人々が持続的に利用してきた湖岸の地形や植生は大きく改変された。すなわち、湖岸には霞ヶ浦の平水位[3] より 2.0 m 高い連続堤防が建設され、

66　第Ⅱ部　湖岸をふちどる段丘と湖棚

内陸側では埋立地や盛り土地の造成、湖側では船溜りやヨットハーバーの建設、またコンクリートの材料として湖底下の砂利採取が盛んに行われた（図2）。

　本章では、この霞ヶ浦での開発事業を事例として、具体的にどのように湖岸や沿岸の地形が改変され、その結果何が起こったのかについて述べる。

2 . 水資源開発のための連続堤防の建設

　1971年に始まった「霞ヶ浦開発事業」では、沿岸の洪水防除、および農業・都市用水の開発のため、湖岸全域に天端（堤防の頂面）の高さが、霞ヶ浦の平均水位より2.0 m高い（Y.P.+3.00 m = T.P.+2.16 m）[4] 湖岸堤防が建設された。この新しい堤防は、それまでの無堤地区とそれ以前の既設堤防の補強であったが、土浦入り北岸や霞ヶ浦南岸の浮島地区などでは、通常の水際線から沖合数十mを埋め立てて新堤防が建設された。明治13～19（1880～86）年に作成された2万分の1迅速測図上に、開発事業によって整備された現堤防の位置を重ねると、多くの場所で当時の水際線から約50 m～最大200 mも沖合、すなわちヨシやガマなどの水生植物群落地をすっかり取り込むように、新堤防が建設されたことがわかる[5]（図3）。

　そのような新堤防の建設と、新規用水開発を目的とした湖水位の人為的管理により、霞ヶ浦の水生植物群落地は急速に縮小した。すなわち、事業開始直後の1972年と事業完成後の2002年の植生調査結果を比較すると、1972年にはヨシ、ガマなどの抽水植物が423 ha、ヒシ、アサザ、ジュンサイなどの浮葉植物が32 ha、フサモ、クロモなどの沈水植物が748 haあったが、2002年にはそれぞれ抽水植物159 ha、浮葉植物8 ha、沈水植物0.07 haとなった[6]。

　このうち抽水植物は、霞ヶ浦南岸の稲敷市浮島地区にある妙岐ノ鼻[7]に約50 haまとまって残されている。しかし他の湖岸では、抽水植物が生える水深0～0.5 mの浅場が内陸の農地（水田）に取り込まれてしまい、水生植物群落地の大部分が消失した。かろうじて残存していた箇所でも、新堤防のコンクリート護岸に反射する波浪によって、抽水植物の根本が洗掘され、その面積は事業開始後の38%の面積にまで減じている。また沈水植物は、1970年代以降の湖水の急速な富栄養化による汚濁の進展、透明度の低下によって[8]、現在はほ

図 3. 霞ヶ浦開発事業による新堤防の建設と水生植物群落地の縮小・消滅
霞ヶ浦東岸玉造町新田の湖岸、1990 年 11 月 16 日著者撮影。

図 4. 湖岸堤防の沖側を埋め立てて造成された公園
天王崎北側、1990 年 11 月 16 日著者撮影。

ぼ消滅してしまった。

　さらに一部の湖岸では、新堤防の沖側を埋め立てて、公園やゲートボール場、駐車場などが設けられている。例えば、かつて湖水浴場として賑わった天王崎北側の湖岸には、公園やゲートボール場が新たに造成されたが、その湖側は比高 1 m 以上の垂直コンクリート護岸で、直下は水深 1 m 以上の湖底となっていて、ここに水生植物の再生の余地はない（図 4）。

68   第Ⅱ部　湖岸をふちどる段丘と湖棚

3. 舟溜まりの建設による湖棚の分断

　霞ヶ浦開発事業に伴って、湖岸だけでなく霞ヶ浦の連続して発達する湖棚でも様々な地形改変が行われた。すなわち、漁業者のための漁港および小型動力船のための舟溜まりの新設や、堤内地の農地での水田・蓮田のための用排水機場の建設とその沖合の浚渫である。

　霞ヶ浦における従来の漁船は、杉材の木造船がほとんどで、櫓や竿を使った手漕ぎであった[9]。当時は、とくに漁港とか舟溜まりと称するようなものはなく、各自が（湖岸のヨシ原を切り開いた入江などの）便利な場所に陸上げして繋留しておくのが慣わしだった[10]。しかし、先に述べた湖岸堤防建設に際し、舟の停泊に支障をきたすことから、付帯事業として湖岸堤防の外側に、コンクリートの防波堤で囲まれた広さ約 50 m × 50 m の新しい舟溜まりが建設された。

　この頃、霞ヶ浦での漁船の動力船と無動力船の数は、開発事業開始まもない 1973 年にそれぞれ 1,204 隻と 1,018 隻[10]だったが、開発事業が進んだ 1979 年には 2,083 隻と 24 隻[9]と、急速に漁船の動力化が進んだ。そのため、強力な船外機付きの動力船の航路確保のため、湖の沖合から舟溜まりの間に広がる湖棚地形が、人為的に大きく改変された。すなわち、本来は水深 0.5 ～ 2 m で湖岸線に沿って連続する平坦な湖棚が、航路として掘削された幅 50 m、深さ 1 ～ 1.5 m の多数の溝状の凹地で分断されてしまった（図 5）。

4. 砂利採取による湖棚の破壊

　霞ヶ浦では、1960 年代の高度経済成長期に砂利や砂の需要が急増し、そのころからサンドポンプ（吸引式）による湖底での大規模な砂利採取が始まった。採取の対象となった砂利は、第 4 章 6. で述べたように、霞ヶ浦の湖岸付近の深さ 5 ～ 15 m に埋没しているかつての鬼怒川が運んだ砂礫層である（第 4 章、図 8）。この砂利採取の掘削の深さは、Y.P. − 7.0 m までと規制された。掘削の範囲については当初規制はなかったが、1972 年からは湖岸から 150 m 以上沖合とされ、さらに 1996 年からは同 250 m 以上に変更された[11]。しかし、2002 年測量の等深線図を検討すると、砂利採取によって湖棚の本来の地形が、以下

第 6 章　人は湖岸をどのように改変してきたのか？　　69

図 5. 霞ヶ浦東岸の鯉の養魚場が集まる新田沖合の湖棚の変化
上：1960 年国土地理院測量の 1 万分の 1 湖沼図、下：2002 年霞ヶ浦河川事務所測量の 5 千分の 1 等深線図に加筆。

に述べるように大きく損なわれていることが確認できる。
　砂利採取による地形改変がとくに顕著なのは、霞ヶ浦土浦入り北岸の湾奥部と沖宿〜崎浜沖合、霞ヶ浦南岸の美浦村大山沖、そしてかつての浮島北岸沖で

ある。このうち、土浦入り北岸では、水深 5 m 以上の不定形の凹地が連なり、そのいくつかは水深 10 m 以上に達する。この付近の本来の湖底は水深 3 ～ 4 m であることから、湖底を深さ 6 ～ 7 m ほど掘削して砂利を採取したと推定される。

　一方、第 4 章で紹介した浮島北岸の小袖ケ浜湖水浴場の沖合では、湖岸から約 50 ～ 550 m 沖合に、水深 8 ～ 10 m 以上の大きくて深い掘削跡地が認められる（図 6）。理科年表に掲載されている霞ヶ浦の最大水深 11.9 m [12] は、この砂利採取跡の凹地の最深部分である。このような砂利採取がなされる以前の、自然状態での霞ヶ浦の最大水深は 7.0 m [13] であったことに留意しなければならない。なお、これらの砂利採取跡地は、現在は流入する河川からの堆積物の供給がほとんどないことから、掘削後ほとんど埋積されることなくそのままの状態で残っている。

　このような湖底の浚渫や砂利採取は、霞ヶ浦だけでなく、例えば鳥取・島根県にまたがる中海でも広く行われた。中海では、1963 年から湖内 5 カ所の干拓・埋め立てと、灌漑用水確保のための淡水化事業が開始された。その後、1970 年以降の米の生産調整に伴う土地利用計画の変更、住民からの水質悪化の懸念や景観保全への要求などによって、1988 年に淡水化試行が延期され、2014 年には淡水化事業は完全中止となった[14]。しかし、それまでの土地造成のために、中海東岸の弓ヶ浜半島沿いを中心として、約 3,000 万 m³ もの湖底の土砂が採取され、約 8 km² の浚渫窪地が残されている [15]。

5. 植生帯緊急保全のための浅場造成

　霞ヶ浦開発事業完成後の 1996 ～ 2000 年の 5 年間、霞ヶ浦では湖水位を冬季 11 月～ 2 月に Y.P. + 1.3 m、春から夏季 4 月～ 10 月に Y.P. + 1.1 m と、平水位より 0.1 ～ 0.3 m 高く、また自然の水位変化とは逆の水位管理が行われた。そのため、わずかに残されていた浮葉植物とくにアサザが著しく減少した。アサザは、絶滅危惧種として植物学・生態学的に貴重な植物で、また市民運動のシンボルとしても重要な存在であった。そこで河川事務所は、アサザを主とした植生の保全と再生を目的として、2001 ～ 02 年に緊急的に霞ヶ浦の 8 カ所、北浦

第 6 章　人は湖岸をどのように改変してきたのか？　　71

図 6. 浮島北岸の砂利採取による湖棚の破壊
上：1960 年国土地理院測量の 1 万分の 1 湖沼図、下：2002 年霞ヶ浦河川事務所測量の 5 千分の 1 等深線図に加筆。

の 3 カ所の湖岸に浅場を造成した。各施工地区は、湖岸線に沿って延長数百 m、沖合約 100 m の範囲で、そこに植生の生育場となるようにシードバンク（土壌中に含まれる種子）を含む航路浚渫土が撒かれた。沖合には波浪の影響を抑え

るための粗朶消波工や、一部では養浜砂の流出を防ぐために施工区間両端に突堤が設置された[16]。

霞ヶ浦南岸の稲敷市境島地区でも、植生帯の緊急保全のための浅場造成が行われた（図7）。この地区は、1997年まではアサザが広がり遠くに筑波山を望む優れた景勝地であった。事業実施後の2014年に行われた評価では、沖側に設置された粗朶消波工から粗朶の流出が進み、目標としたアサザ

図7. **植生帯の緊急保全対策で造成された霞ヶ浦南岸の境島地区**　地理院地図＞全国最新写真（2010年5月～10月撮影）。

については、種子からの発芽は限定的で、植栽したアサザは数年で消失し、群落として沖側の水面には広がらなかったとされている[17]。

6. 砂浜再生を目指した大突堤の建設

第4章1.で述べたように、かつて浮島北岸の小袖ケ浜湖水浴場は、戦前には「避暑の島 霞ヶ浦 浮島」として宣伝され、大勢の遊泳客で賑わった。この湖水浴場のすぐ東側の和田岬地区では、稲敷市による公園の改修事業が進み、地元から砂浜の再生や維持管理の要望があったことから、霞ヶ浦河川事務所は2006～2011年に砂浜の再生事業を実施した。沖合に延長70mの突堤を200m間隔で4本整備し、水深1.5～2mまでの範囲に湖底の浚渫土（2000 m^3 × 3カ所）を利用した養浜を行い、突堤間に幅10～20mの砂浜が造成された（図8）。

和田岬周辺では、かつては東向きの沿岸漂砂が卓越し、西側から東に向かって湾曲した砂嘴の先端部分が緩やかに成長するという動的な平衡状態にあった[18]。

しかし、現在は西側からの砂の供給がなく、また養浜砂が流出しないように突堤

第 6 章　人は湖岸をどのように改変してきたのか？　　73

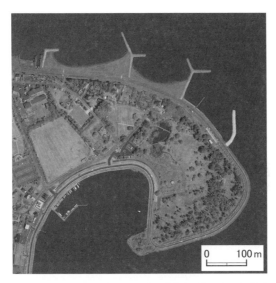

図 8. 砂浜の造成が実施された霞ヶ浦南岸浮島の和田岬付近
地理院地図＞全国最新写真（2010 年 5 月～10 月撮影）再生
事業は実施途中。

図 9. 砂浜再生を目指して設置された突堤と静的な安定状態の砂浜
2010 年 7 月 2 日 筆者撮影。

が建設されたため、新しく造成された砂浜の砂は入れ替わらない。すなわち、砂の移動が起こらない静的な安定状態となっている。また、霞ヶ浦開発事業によって、湖水位は毎年 11 月から翌 2 月末にかけて Y.P.＋1.30 m まで上昇させ、そのほかの期間は Y.P.＋1.10 m とほぼ一定に保たれている。そのため、汀線の位置はほぼ変化せず、水際まで植生が進出している（図 9）。

74　第Ⅱ部　湖岸をふちどる段丘と湖棚

7. 人と湖とのつながりの喪失

　本章では、1970 年代以降の湖岸・沿岸での人為的な地形改変について、主に霞ヶ浦を事例として述べた。その中で、湖岸の景観や生態系にとって最も影響が大きかったのは、水資源開発を目的とした連続堤防の建設と湖水位の人為的管理であった。これによって、かつて湖岸に広がっていた水生植物群落地は大幅に減少し、湖水浴で賑わった砂浜も失われた。

　霞ヶ浦での湖岸の改変状況調査では、1991 年時点ですでに自然湖岸はわずか 9.3% で、水際線は自然状態だがそこから約 20 m 以内の陸域に人工構築物が存在する半自然湖岸が 35.8%、水際線がコンクリート護岸、矢板などの人工構築物でできている人工湖岸が 54.0% を占めている[19]。開発事業が完了した現在では、半自然湖岸の人工湖岸化がさらに進んでいると推測される。

　霞ヶ浦以外の海跡湖でも、湖岸の人工化が顕著で、中でも北関東の涸沼、北浦、手賀沼や、浜名湖、山陰の阿蘇海、東郷池、中海、宍道湖などでは、それぞれの湖岸の約 80% 以上が人工湖岸となっている。このような湖では、堤内地の土地利用の高度化が進んだが、一方かつての湖と人との多様なつながりは、ほとんど断絶してしまった。

　2000 年以降各地の海跡湖では、失われた水生植物や砂浜を再生すべく、霞ヶ浦と同じような対応がなされているが、いずれもかつての自然状態の植物群落地や砂浜はなかなか実現できていない。先に紹介した霞ヶ浦浮島の和田岬では、物理的な砂浜は復元されたが、かつて賑わった湖水浴場のようにそこを訪ねる人影はない。

　2003 年に国の「自然再生推進法」が施行され、過去の人為的な開発行為によって傷ついた自然の再生を目指す取り組みが日本の各地で始まった。海跡湖でも、霞ヶ浦（2004 年〜）や中海（2007 年〜）、三方五湖（2011 年〜）、北潟湖（2018 年〜）などで様々な取り組みが始まっている。これについてはあらためて第 12 章で取り上げ、今後私たちと湖との関係をいかに取り戻すか、そのためのヒントを探したい。

【注】

[1] 平井幸弘（1994）「湖沼環境の変貌と保全」大矢雅彦編『防災と環境保全のための応用地理学』古今書院：126-140.

[2] 梶原健嗣（2021）「印旛沼干拓」水利科学 65（2）：63-86.

[3] 1951 〜 1957 年間の霞ヶ浦の平均湖水位のことで，関東地方利根川水系での河川事業の基準となっている Y.P.（Yedo Peil）＋ 1.0 m に相当する.

[4] Y.P.（Yedo Peil）と標高の基準である東京湾中等潮位 T.P.（Tokyo Peil）との関係は，Y.P. ± 0.0 m ＝ T.P. － 0.8402 m である.

[5] 平井幸弘（2006）「霞ヶ浦の沿岸帯における地形の特徴とその変容」霞ヶ浦研究会報 9：1-11.

[6] 桜井善雄・国土交通省霞ヶ浦河川事務所（2004）『霞ヶ浦の水生植物 1972 〜 1993 変遷の記録』信山社サイテック：307p.

[7] 妙岐ノ鼻：浮島北岸のかつての小袖ケ浜水浴場から東側に湖中に突き出た砂嘴部分で，ヨシのほかマコモ，ガマ，カモノハシなどの湿性植物群落が広がっている.

[8] 河川環境管理財団（2002）「第 5 回「霞ヶ浦の湖岸植生の保全に関わる検討会」資料「霞ヶ浦湖岸植生の減退要因の検討について」：16p.

[9] 髙橋 栄（1984）「第 6 章 霞ヶ浦の漁業」茨城大学地域総合研究所『霞ヶ浦－自然・歴史・社会－』古今書院：121-157.

[10] 坂本 清（1979）『霞ヶ浦の魚撈習俗 下巻』筑波書林：119p.

[11] 建設省関東地方建設局霞ヶ浦工事事務所（1996）『霞ヶ浦工事事務所 30 年史－ゆたかな水とともに－』建設省関東地方建設局霞ヶ浦工事事務所：189-191.

[12] 国立天文台編（2023）『地下年表 2024』丸善：632-633.

[13] 環境庁自然保護局（1995）『日本の湖沼環境 II』（財）自然環境研究センター：134-135.

[14] 平井幸弘（1995）『湖の環境学』古今書院：48-49.

[15] 山本民次・中原駿介・桑原智之・中本健二・斉藤 直・樋野和俊（2022）「中海秋雪杭墓地の硫化水素発生抑制における石炭灰造粒物の適正施工量」水環境学会誌 45（5）：207-221.

[16] 国土交通省関東地方整備局霞ヶ浦河川事務所（2014）『霞ヶ浦湖岸植生帯の緊急保全対策評価報告書』国土交通省関東地方整備局霞ヶ浦河川事務所：4-1 〜 4-27.

[17] 国土交通省関東地方整備局霞ヶ浦河川事務所（2014）『霞ヶ浦湖岸植生帯の緊急保全対策評価報告書』国土交通省関東地方整備局霞ヶ浦河川事務所：6-71 〜 6-117.

[18] 宇田高明・酒井和也（2013）「霞ヶ浦（西浦）の「浮島地区で造成された湖浜の地形的特徴」霞ヶ浦研究会報 16：59-64.

[19] 前掲［13］.

コラム2　タイ・ソンクラー湖と八郎潟の浜堤列

　タイ国南部のソンクラー湖は、水深が最大でも数mと非常に浅く湖岸の地形勾配が緩やかで、さらに雨季と乾季が顕著なため、湖岸線の位置が季節によって数百m以上も変化する。そのような湖沼では、第5章で述べた霞ヶ浦でみられるような2段の明瞭な湖岸段丘という地形とは違って、現成の浜堤に加えて湖岸線の内陸側に、1～2列の浜堤が発達している。

・ソンクラー湖南部の浜堤列

　ソンクラー湖は、マレー半島東岸のタイランド湾に面する面積1,182 km² (琵琶湖の約1.8倍) の海跡湖で、大きく3つの湖盆に分かれている。そのうち最も南にあるサップソンクラー湖の平均水深は1.5 mと非常に浅く、東岸の湖口でタイランド湾とつながっている。北東モンスーンが吹く雨季には海水面が高く、12月に湖水位は最高となり、乾季には湖岸線が数百mも沖合に後退する。

　そのサップソンクラー湖の西岸には、乾季の湖岸線に沿って幅約50 m、標高0.5～0.6 mの小規模な現成の浜堤のほか、その内陸側約200～300 mに幅約200 m、標高約2 mの浜堤Ⅰが、さらにそこから700～800 m内陸側に幅約200～300 m、標高約4 m前後の浜堤Ⅱが発達している[1] (図1)。

　現成の浜堤と浜堤Ⅰとの間の低地は雨季には水没するが、雨季の終了とともに後退する水際線に合わせて水稲栽培地が広がる。浜堤Ⅰは過去の洪水時にも浸水せず、これに沿って集落が立地し果樹園や野菜畑として利用されている[2]。浜堤Ⅱも浜堤Ⅰと同様に、集落が連なり果樹園や畑地として利用され、中央には幅10 m以上の舗装された道路が走っている。

　これらの浜堤Ⅰと同Ⅱの形成時期については、現在のところ不明である。ただし、浜堤列の背後にある標高20 m前後の更新世段丘は、最終氷期に干上がった大陸棚

図1. ソンクラー湖南部の南東湖岸に見られる2列の浜堤列　平井 (2002)[3] の一部に加筆。

から飛来したレスと考えられる厚さ約 2 m の黄褐色の細砂に覆われている[1]。すなわちこの更新世段丘は、最終間氷期に形成された海成段丘で、2 列の浜堤列は後氷期の海進期以降に作られたものと考えられる。

・八郎潟の浜堤列

　日本海側に位置する十三湖や八郎潟、福島潟など湖盆が浅い海跡湖の内陸側の湖岸には、1 ～ 2 列の浜堤が認められる[4]。その中でも、八郎潟北岸の三種町川尻と、南東岸の潟上市飯塚付近には、ソンクラー湖と同じように湖岸線に並行する 2 列の浜堤（湖岸側より浜堤Ⅰ、浜堤Ⅱ）が発達している。

　干拓以前の八郎潟は、面積 220 km^2、最大水深 4.7 m で全体として極めて浅い湖であった。その北岸の川尻集落付近では、湖岸線から約 1.3 km 内陸に幅約 150 m、標高 5 m 前後の浜堤Ⅰが、そこから内陸側に 250 ～ 300 m 離れて幅約 100 m、標高 6 m 前後の浜堤Ⅱが作られている（図2）。いずれの浜堤もその中央に道路が走り、これに沿って住宅が連なり一部畑地となっている。とくに湖側の浜堤Ⅰ上には、江戸時代に秋田と青森を結ぶ羽州街道であった現在の国道 7 号線が走っており、この地形が古くから主要な交通路として利用されていたことがわかる。

　これらの浜堤の背後には、最終間氷期に形成された標高 15 ～ 30 m の更新世後期の海成段丘（潟西面）が分布し[5]、八郎潟の浜堤列の形成もソンクラー湖と同じように、後氷期の海進期以降である。すなわち、タイと日本の海跡湖は遠く離れてはいるが、その湖岸の一部には形態や形成時期が共通する 2 列の浜堤列が形成され、同じような土地利用がされてきたことがわかる。

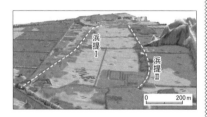

図2. 八郎潟北岸の湖岸低地にみられる 2 列の浜堤列　地理院地図＞陰影起伏図＋自分で作る色別標高図を 3D 化し、文字と浜堤の頂部を結ぶ破線を加筆。

【注】
[1] 平井幸弘（1995）「タイ国南部ソンクラー湖周辺の地形と環境問題」愛媛大学教育学部紀要Ⅲ 15（2）：1-16.
[2] 平井幸弘（2000）「タイ国南部ソンクラー湖における海面上昇の影響予測評価」LAGUNA（汽水域研究）7：1-14.
[3] 平井幸弘（2002）"Geomorphological Survey Map of the Songkhla Lake Basin Showing Impacts of Sea-level Rise on Coastal Area" 専修大学文学部地理学科.
[4] 籠瀬良明（1980）「浅い沼べりの浜堤例」歴史地理学紀要 22：93-108.
[5] 平井幸弘（1994）「日本における海跡湖の地形発達」愛媛大学教育学部紀要Ⅲ 14（2）：1-71.

第III部　湖奥にひろがる三角州

網走湖（面積 32.3 km²、最大水深 16.3 m、平均水深 6.1 m、湖岸線長 39 km）
湖の南側から網走川が湖に注ぎ、日本一ローブの多い鳥趾状三角州を発達させている。湖の東西に広がる標高 20 〜 60 m の台地は、屈斜路カルデラ形成時の火砕流とその二次堆積物が作った（地理院地図で 3D 画像を作成、高さ方向の倍率は 5 倍）。

第 7 章
網走湖にはなぜ、日本一の鳥趾状三角州があるのか？

Key words：ローブ、アイヌ語地名、沈水地形

1．日本一ローブが多い網走川の鳥趾状三角州

　北海道東部オホーツク海沿岸の網走湖南岸には、網走川が作る幅約 4 km、奥行き約 3～5 km の三角州が広がっている。湖岸堤防の外側には、幅 50～200 m の連続したヨシ・マコモ群落が見られ、水際線は細かく出入りする複雑な形になっている（図 1）。そのうち現在の網走川の河口では、分岐した複数の流路に沿って、湖中に突出した舌状の地形が多数作られている。このような地形をローブ（lobe）と呼び、そのローブが複数にあって、全体として鳥の趾状になった三角州は鳥趾状三角州（bird's foot delta, lobate delta）と呼ばれる。

　網走湖の南岸をよく見ると、鳥趾状三角州の特徴である舌状の突出部が、現河口付近の 5 カ所を含めて、河口の南側と北西から西側の湖岸にかけて合計 12 カ所もあることがわかる（図 1 中の矢印部分）。これらの突出部それぞれの内陸側には、かつての河道の跡（旧河道）を判読することができ、これらもかつて河口先端に作られたローブの名残と推測される。

　一般に鳥趾状三角州は、河川から搬出される土砂が多く、相対的に沿岸流や波の作用が小さい水域に見られ、ミシシッピ川の三角州がその典型とされ、日本国内では湖に流入する河川沿いのみに発達するとされる[1]。網走湖のほか十勝川河口の南西にある長節沼や湧洞沼などでも、小規模な鳥趾状三角州が見られるが、そのローブの数はそれぞれ 2～3 カ所にすぎない。網走湖のように 12 カ所ものローブが見られる例は他になく、網走湖の鳥趾状三角州のローブは日本一多いと言えよう。

　そこで本章では、なぜ網走湖にはそのような多数のローブをもつ鳥趾状三角州が作られたのか、その秘密を探ってみたい。

第Ⅲ部　湖奥にひろがる三角州

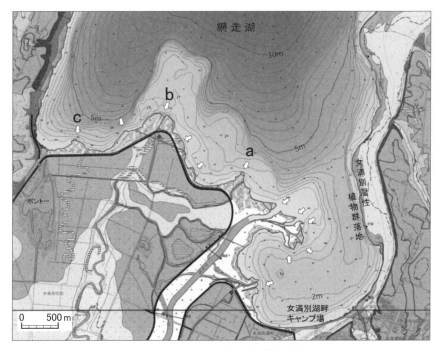

図1. 網走湖に注ぐ網走川の鳥趾状三角州
地理院地図＞治水地形分類図（更新版：2007-2021 年）＋湖沼データ（2013-14 年改測）に加筆、矢印はローブ先端を示す。

2．アイヌ語地名が語る三角州の原景観

　網走川の三角州が描かれた最も古い地形図は、明治 30（1897）年製版の仮製 5 万分の 1 地形図である（図 2）。この地図では、南から北に蛇行して流れる網走川が、途中で東に向きを変え網走湖に向かって突き出す様子が描かれている。その河口先端には、レプンシリという表記があるほか、湖岸の複数地点にカタカナで表記されたアイヌ語地名が付されている。以下、これらのアイヌ語地名を手がかりに、当時の網走川三角州の景観を復元してみたい。

　まず、図 2 の右下にあるオタパ（ota-p）という地名は、「砂浜・の上手」を意味している[2]。現在でもこの付近は、延長約 500 m の砂浜で、女満別湖畔

第7章　網走湖にはなぜ、日本一の鳥趾状三角州があるのか？　　83

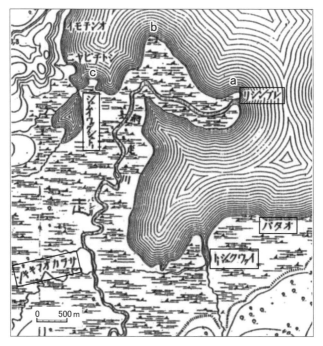

図 2. 最も古い地形図（明治 30 年）の網走川三角州とアイヌ語地名
1897 年製版、陸地測量部 5 万分の 1 仮製地形図「網走湖」に加筆。

キャンプ場として利用されている。そのすぐ南西側に記されたイウックシュトー（iuk-kushu-to）と、図の東側中央の小さな沼の縁にあるシュムイウックシュトー（shum-iuk-kush-to）は、それぞれ「それ（ヒシの実）・を取る・沼」、「西の・ヒシの実・を取る・沼」と解され、ヒシが生える浅い沼地であったと推定される。そして、網走湖に突き出した網走川の河口先端に記されたレプンシリ（repun-shir）は、「沖へ出ている・土地」という意味で、まさにその言葉どおり、河道に沿って作られたローブが、湖中に細長く伸びた先端部分を指している。

一方、図 2 の左下の湿地を流れる小川に沿って付されたサラカオマキキン（sar-kaoma-kikin）とは、「ヨシ原（の上）・にある・キキン川」の意味である。キキンとは、アイヌ語でエゾノウワズザクラ（バラ科の落葉性低木）の実のことで、周辺にこの木が多かったとされている。

第Ⅲ部　湖奥にひろがる三角州

図 3.「東西蝦夷山川地理取調図」（松浦武四郎、安政 6 年）に描かれた網走湖
（復刻版、1983）松浦武四郎「東西蝦夷山川地理取調図」首十三、首十九の
部分を貼り合わせ、加筆。

　この図 2 よりさらに約 50 年古い、江戸時代末期（1850 年頃）松浦武四郎によって描かれた「東西蝦夷山川地理取調図[3]」（以下、「松浦図」とする）の網走湖を見ると、図 2 には記されていないアイヌ語地名も見受けられる（図 3）。
　この松浦図に記されたヲタハ、ニックシト、シュンマイクシトウ、サラカマキシの 4 カ所の地名は、網走川の河道および湖岸線との位置関係から、図 2 のそれぞれの地名とほぼ同じ場所を示していると考えられる。しかし図 2 では、西から東に向かって湖に突き出した河道の先端（図 2 の a）にレプンシリと記されているのに対し、松浦図のリフンシリ（前出のレプンシリと同じ意味）は、網走湖南西側の「ニックシト」と「シュンマイクシトウ」の間を流れ、湖に流入する網走川河口の東側の突出部分に付されている。また松浦図のリフンシリの沖合には、モシリ（mosir：島）というアイヌ語地名も付されていることに注目したい。
　現在、網走湖には「島」と呼べる地形は存在しない。しかし、網走湖の湖沼データを見ると、図 2 中の b の突出部の沖合に、水深 1.5 〜 2 m の舌状に張り出した平坦面と、その平坦面上に比高 50 〜 70 cm の微高地が確認できる（図 1 参照）。この微高地が松浦図のモシリの名残で、松浦図のリフンシリは図 2 の b を指し、

図2のレプンシリaは当時まだ作られていなかったと解釈できる。なお湖沼データでは、図2のaの沖合いには水面下の微高地は認められず、ここにかつてモシリ（島）が存在したとは考えられない。

松浦図（図3）ではもう1つ、リフンシリの陸側にメナシトウ（menash-to：東の・沼）という地名が付されている。このメナシトウは、元来はメナシクシイユクシトウ（menash-kush-iyukushu-to：東の・通る・ヒシの実を取る・沼）とされ、松浦図のシュンマイクシトウ（shum-iuk-kush-to：西の・ヒシの実を・取る・沼、図2のシュムイウククシュトーと同じ）に対し、当時の網走川の河口をはさんだ東側にあった浅い沼と考えられる。そうすると、図2のシュムイウククシュトーの文字の上にある突出部（図2のc）が、当時の網走川の河口先端のローブの名残と解釈できる。

以上、作成時期が違う2つの地図と、それぞれに付されたアイヌ語地名を手がかりにすると、江戸時代末から明治30年までのおおよそ50年間に、網走川の河道は湖の西側から中央寄りに移動し、それぞれの河口にローブが発達したことがわかる。一方、周辺の氾濫原にはヒシが生える浅い沼地が複数見られ、全体としてヨシなどが茂る湿地が広がっていたと推測できる。この地に人々が入植する以前は、網走川三角州はそのような景観であった。

3. 開拓・治水工事による三角州の拡大

最初に示した1897年製版の5万分の1仮製地形図（図2）と、それから27年後の1924年測図の5万分の1地形図（図4）を比べると、網走川の河道の位置や三角州全体の形態はほとんど変化していない。しかし、河道先端と湖の南岸との間の水域は、約半分に狭まっている。女満別では、1890年に湖岸のオタパに最初の入植者が住みつき、その後1898年から本格的な開拓が始まった[4]。1912年には野付牛（現在の北見）～網走間に鉄道が開通し、図4の地形図に描かれているように、三角州の内陸側に300間（約540 m）間隔の碁盤目の道路が作られ、氾濫原に広がる湿地が急速に耕地化されたことがわかる。

網走川の三角州で集落や耕地が広がると、それまでの河川の氾濫は、自然現象にとどまらず地域の人々にとって災害となって顕在化した。1898年9月には、

第Ⅲ部　湖奥にひろがる三角州

図 4. 今から約 100 年前の網走川三角州
1924 年測図、国土地理院 5 万分の 1 地形図「女満別」。

　その後の網走川河川改修計画のきっかけとなった大洪水が発生し、1922 年 8 月にも女満別およびその上流の美幌で田畑 700 ha が浸水した。このような状況に対し、1919 年に網走川の治水計画が立案され、1934 年には本格的な工事が始まった。そして 1946 年までに、網走川本流および支流の美幌川で、蛇行した河道の短絡化が行われ、1951 年からは三角州地帯での築堤も始められた。
　今から約 70 年前の 1954 年測量の 5 万分の 1 地形図では、湖に注ぐ網走川最下流の蛇行部分がショートカットされ、幅約 300 m の連続堤防が建設されている（図 5）。そして、その堤防と新しい河口の間のかつて湾入していた水域は急速に埋め立てられ、図 4 で湖中に突出した特徴的な地形は氾濫原と一体化し、かつての水域の一部が小さな沼として残っているに過ぎない。

第 7 章　網走湖にはなぜ、日本一の鳥趾状三角州があるのか？　　87

図 5. 今から約 70 年前の網走川三角州
1954 年測量、国土地理院 5 万分の 1 地形図「女満別」。

　このように、明治期後半以降に網走川の三角州は急速に拡大した。その要因として、1 つは蛇行した河道が短絡化され、堤防の建設によって上流からの土砂が途中の氾濫原に堆積することなく、効率よく湖まで運搬されるようになったこと、もう 1 つは流域での樹林の伐採や台地上の畑地化が進行し、流域から搬出される土砂が増大したためと考えられる[5]。

4. 洪水の頻発と河口先端のローブの発達

　先に述べたように、一連の治水事業によって網走川の河道は堤防で固定され、1970年頃までには湖岸堤防も完成した。しかし、その後も1975年5月の融雪、1979年10月および1981年8月の台風に伴う洪水など、既往の最高洪水位を上回る洪水が発生した。そのたびに網走川の河口では、洪水流とともに大量の土砂や流木などが湖に流れ込み、東方の沖合に向かって徐々にローブが延びていった[6]。

　そのため、河口の東側対岸にある女満別湿性植物群落（国指定の天然記念物）への悪影響や、南岸の女満別湖畔キャンプ場の環境悪化が懸念されるようになった。これら湖岸への影響を軽減するために、1990年には網走川の河口先端部に、幅60〜70 mの北東向きの現在の河道が掘削された。

　しかし、その2年後の1992年9月には、台風に伴う大雨で網走川では戦後最大の洪水水位5.35 m（女満別本郷）を観測し、氾濫面積9,585 haという大きな被害が発生した。その後も2001年9月、06年10月、15年10月、そして16年8月にも大きな水害となり、とくに2016年の水害では、1週間に連続して3つの台風が北海道に上陸し、その大雨によって網走湖では既往最高水位2.45 m（東岸の川尻漁場）を記録した[7]。

　図6は、地理院地図に収蔵されている空中写真（2004年〜撮影）であるが、かつて東〜南東方向に伸びていた分岐流路は、流路沿いに樹林が繁茂し、

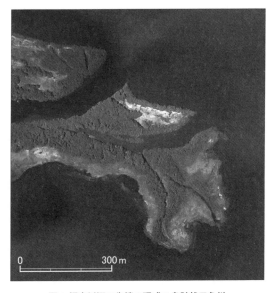

図6. 網走川河口先端の現成の鳥趾状三角州
地理院地図＞全国最新写真（シームレス）：2004年〜撮影に加筆・色調補正。

第 7 章　網走湖にはなぜ、日本一の鳥趾状三角州があるのか？　　89

細い水路となり、それに対して 1990 年に掘削された北東方向の河口からは、土砂が排出されているのがわかる。今後も上記のような洪水のたびに、河口のローブが湖の沖合に向かって伸びていくものと思われる。

　一方、網走湖の透明度（湖盆中央）は、1979 年には 3.0 m だったが、84 年に 1.9 m、90 年に 2.0 m、95 年に 1.4 m、2000 〜 2015 年に 1.0 〜 1.2 m、そして 2020 年には 0.79 m と、1980 年代以降徐々に低下している[8]。

　一般に湖の透明度は、湖水中に浮游するプランクトンや生物体の死骸や破片、それらに付着する有機物および泥粒などの無機物の量と関係があるとされる。そのような浮遊懸濁物質（SS）の測定値は、1970 年代は 2 〜 3 ppm であったが、1980 年代以降は常時 5 ppm 以上となり、2000 年以降の 20 年間のうち 6 年は 10 ppm を超えており[8]、湖への細かい土砂の流入が近年増加していることがうかがえる。

5. なぜ網走湖の鳥趾状三角州には多数のローブがあるのか？

　一般的に鳥趾状三角州は、海や湖に注ぐ分岐した流路に沿って、比高の小さな自然堤防が発達し、河道が伸長して作られる。そのような河道に沿って細く延びる微高地（ローブ）が発達しやすい条件として、まず河川の搬出土砂量が多く、流路が固定しやすい粘土分の比率が高いこと、そして三角州ができる場所の条件として、沿岸流や波食作用が相対的に小さいこととされている[9]。

　網走湖に注ぐ網走川の流域面積は 1,120.4 km² （最高地点は標高 978 m の阿幌岳）で、中・下流流域には標高 20 〜 60 m の丘陵地および台地が広がっている。この丘陵地・台地は、屈斜路カルデラからに噴出した非固結の火砕流およびその二次堆積物（軽石を含む火山灰主体）からなる[10]。先に述べたように、明治期後半以降この地域における開拓の進展にともなって、それまで樹林地だった台地・丘陵地が耕地化され、細かい土壌の流出が増大した。一方、網走湖の湖岸や氾濫原には、植物遺体が完全に分解されずに堆積した泥炭地が発達しているため[11]、泥炭の植物繊維が川の流路の移動を妨げ、結果としてある期間にわたって河道が安定した[12]と考えられる。

　また、網走川が注ぐ網走湖は、湖北端の湖尻からオホーツク海までは、網走川

第Ⅲ部　湖奥にひろがる三角州

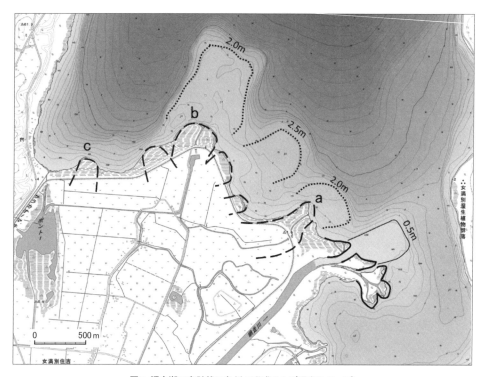

図 7. 網走湖の鳥趾状三角州の現成および過去のローブ
地理院地図＞湖沼データ（2013-14 年改測）に加筆。実線：現成のローブ、破線：過去のローブ、点線：沈水した三角州の平坦面。

を介して 7.2 km 離れているため潮汐の影響をほとんど受けず、洪水時を除く平時の湖水位は標高 0.40 m（季節変化として ＋0.06 m ～ －0.10 m）と安定している[13]。さらに、湖の面積は 32.3 km² とそれほど大きくないため、恒常的な沿岸流や通常の波浪は小さく、とくに網走川が注ぐ湖南部の水深は数 m から 10 m ほどしかない。すなわち網走湖は、流入する河川の土砂供給や土砂の堆積場の条件として、まさに鳥趾状三角州が発達しやすい好条件を備えていると言える。

しかし、網走川の鳥趾状三角州でこれほど多数のローブが認められるのは、さらに次の 3 つの事実が重要と考える。1 つはすでに述べたように、1950 年代以降の治水事業の進展に伴って、新しい河道に沿って次々にローブが伸びて

いったことである。

2つ目は、現在ローブが残っている湖岸沖合の湖底に、水深2.0〜2.5 m、幅300〜600 m、長さ300〜700 mの舌状の平坦面が、少なくとも3カ所に存在していることである（図7）。現在の河口沖合では、水深0〜0.5 mの平坦面（細い実線部分：これを三角州の頂置面という）が形成されていることから、上記の水深2.0〜2.5 mの舌状平坦面は現成の地形ではなく、かつて河口付近に作られた過去の地形面が沈水したもの（沈水地形）と考えられる。

本来は、水深0.5 m以浅に作られる頂置面が、なぜそのような水深2.0〜2.5 mという深さにあるのかについては、堆積物の圧密による地盤沈下が関係している可能性もある。しかし、主な要因は完新世後半（縄文海進最盛期）以降の、現在より湖水準（海水準）が低い時期に作られた三角州の先端部分が、その後の相対的な湖水準の上昇によって現在の水深になったためと考えられる[14]。すなわち、現在湖岸に多数のローブが見られるのは、過去に作られた古い三角州を土台として、その後新しい鳥趾状三角州のローブが効率よく伸長したためと考えられる。

最後に3つ目として、国内の多くの湖沼では、明治期以降の人為的な干拓・埋め立てによって、三角州の微地形は不明瞭になったり消滅してしたりしている。それに対し網走湖では、人為的な干拓や埋め立てが行われず、湖岸堤防も三角州の先端が堤外地に残るような位置に建設されたために、特徴的なローブ先端部分が地形として残されたと言えよう。

以上まとめると、網走湖の鳥趾状三角州にこれほど多数のローブが認められるのは、一般的な土砂供給と堆積場の条件に加え、人為的な新しい河道の付け替えや掘削が行われたこと、また過去に作られた三角州が水面下に土台として存在していたこと、そして近代の干拓・埋め立てが行われなかったことなど、複数の要因が重なったためと指摘できる。

現在の網走湖では、湖岸にヨシ・マコモの群落地が広がり、またエビモ・ホザキノフサモ・マツモ、ヒシなど多様な水生植物や、ワカサギ・シラウオ、ウグイなどの多くの魚類が生息している。これら多様な生物にとって、多数のローブが見られ複雑な湖岸線をなす網走川の三角州は、主要な棲息場にもなっている。そのような、地形的にも生態学的にも非常に貴重な存在と言える網走湖の鳥趾状三角州を、ぜひ一度訪ねていただければ幸いである。

【注】

[1] 鈴木隆介（1998）『地形図読解入門 第 2 巻 低地』古今書院：337-358.

[2] 以下，本稿でのアイヌ語地名の音韻記号と意味については，伊東せいち（1997）『アイヌ語地名 Ⅰ 網走川』北海道出版企画センター，および山田秀三（1984）『北海道の地名』北海道新聞社による.

[3] 松浦武四郎（1859）『東西蝦夷山川地理取調図（復刻版）』高倉新一郎監修・校閲・解説（1983）IK 企画．地図の刊行年は，安政 6（1859）年であるが，実際に竹四郎（武四郎とも）が北海道内の探検旅行をしたのは，江戸時代末期の弘化 2（1845）年から安政 5（1858）年とされるので，本稿ではこの地図の内容をおおよそ 1850 年頃とした.

[4] 大空町役場総務課（2017）「広報 おおぞら 11 月号：特集 大空町開拓ものがたり」.

[5] 平井幸弘（1995）『湖の環境学』古今書院：55-66.

[6] 1977 年撮影の国土地理院の空中写真では，河口先端から土砂含む濁水が南東向きに排出されているのが明瞭にわかる.

[7] 北海道開発局「網走川の治水事業 平成以降の主な洪水について」https://www.hkd.mlit.go.jp/ab/tisui/icrceh0000005r7x-att/icrceh0000005rax.pdf（最終閲覧日：2022 年 3 月 25 日）.

[8] 国土交通省「水文水質データベース」http://www1.river.go.jp/（最終閲覧日：2022 年 3 月 25 日）.

[9] 井関弘太郎（1981）「鳥趾状三角州」，町田貞ほか編『地形学辞典』二宮書店：p413.

[10] 国土交通省河川局（2006）「網走川水系の流域及び河川の概要」：57p.

[11] 平井幸弘（1997）「網走川デルタの構造と発達」文科省科研費補助金 平成 8 年度報告・資料集「海跡湖堆積物からみた汽水域の環境変化－その地域性と一般性－」：183-197.

[12] 小疇 尚・野上道男・小野有五・平川一臣編（2003）『日本の地形 2 北海道』東京大学出版会：p332.

[13] 大矢雅彦・海津正倫・春山成子・平井幸弘 調査・編集（1984）「網走川水害地形分類図」北海道開発局網走開発建設部，2 万 5 千分の 1 ＋説明 16p.

[14] 平井幸弘（1998）「海跡湖の湖岸・湖底地形から見た環境変化」LAGUNA（汽水域研究）5：153-159.

第8章
海跡湖に特徴的な鳥趾状三角州

Key words：鳥趾状三角州、突状三角州、干拓事業

1. 湖に注ぐ川はどんな形態の三角州を作ってきたか？

　一般に、河川によって陸域から運ばれた堆積物が、海や湖のような静水域に堆積して形成された地形を三角州と呼ぶ。その平面形態は、陸域からの堆積物の供給と、水域での堆積環境と波や流れによって、様々な形を示すとされる[1]。具体的には、①三角州が形成される場所（河口付近の湖底）の勾配や水深、②川が注ぐ水域の波浪や沿岸流の状況、そして③流れ込む河川による土砂の供給量の大小などが、関係している。

　すなわち、河川が運搬する土砂の量が多く、河口沖合の湖底の水深が浅く、また沿岸流や波による侵食作用などが相対的に小さい場合には、枝分れした河道に沿って自然堤防が延長し、あたかも鳥の趾のような平面形を示す鳥趾状三角州が作られる。そして、河川が運ぶ土砂の堆積と、その場の波浪や沿岸流による地形を変化させる営力が釣り合うと円弧状三角州に、さらに相対的に河川の営力より水域の営力が大きい場合は、尖角状三角州の形態を示す。

　湖に注ぐ川が作る三角州については、俱多楽湖や摩周湖のように周辺が急峻な崖に囲まれた火口湖やカルデラ湖では、恒常的に湖に流入する河川がなく、湖岸が急な傾斜であるため三角州は発達していない。また、富士山北麓の富士五湖、磐梯山北麓の五色沼湖沼群や桧原湖・小野川湖・秋元湖などのように、火山周辺の地域で発生する溶岩流や山体の崩壊などによって、谷地形の一部が堰き止められて生じた湖沼では、もとの谷の上流側の湖岸に、小規模な三角州が作られている場合がある。しかし、その三角州の大きさは限定的である。

　これらの、火山活動が主な原因となって生じた湖に対し、日本最大の琵琶湖は、面積が669.3 km²、最大水深が103.8 mもあり、数多くの河川が湖に流入

している。そして、河川ごとに土砂の運搬状況や、河口付近の湖底の勾配や水深、波浪や沿岸流の状況も異なるため、琵琶湖では様々な平面形態の三角州が発達している（図1）。そこで以下、琵琶湖に流入する河川が作る代表的な3カ所の三角州を訪ねて見てみよう。

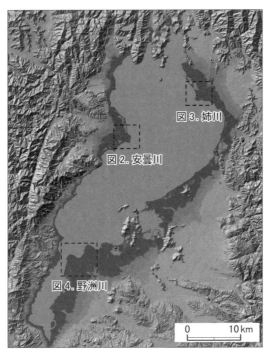

図1. 琵琶湖で見られる3つの三角州
地理院地図＞陰影起伏図＋琵琶湖の水面（標高85 m）から標高100 mまで5 m毎に段彩し、文字を加筆。

2. 琵琶湖で見られる3種類の三角州

まず琵琶湖の北西岸には、標高約100 m以下〜85 m（＝琵琶湖の水面標高）にかけて、湖岸線が円弧状を呈する安曇川が作る三角州が広がっている（図2）。安曇川は、琵琶湖西側の比良山地の朽木谷を北北東に流れ、その後、朽木渓谷

第 8 章 海跡湖に特徴的な鳥趾状三角州　　95

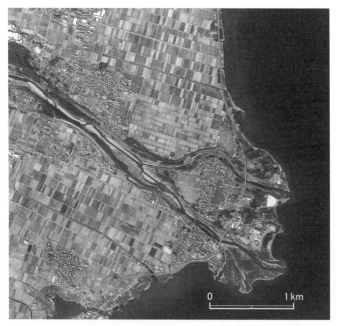

図 2. 琵琶湖北西岸に注ぐ安曇川河口付近の鳥趾状三角州
地理院地図：2005 年〜撮影。

を東流して琵琶湖に注いでいる。上流からの土砂の供給が多く、円弧状の低地のうち標高 90 m の等高線より上流側は扇状地的性格を、それより下流側は三角州的な性格を持っており、扇状地状三角州と記述されることもある[2]。しかし地表面の勾配は普通の三角州より急で、粗粒な堆積物で構成されており、地形や堆積物の視点からは、扇状地が海岸線あるいは湖岸線まで続く三角州性扇状地とされることもある[3]。

　ただし、現在の安曇川の河口付近の船木集落を含む約 2 km 四方の範囲に注目すると、現在の河道のほかに複数の分岐した河道が、ミニチュアの鳥趾状三角州の形態を呈している。これらを踏まえると、安曇川が作る湖岸低地は、湖岸線が弧を描くように連なり、全体として円弧状三角州のような形態をなすが、土地の勾配や堆積物の特徴からは扇状地的な性格を持つ。また、現在の河口部では鳥趾状の三角州が見られるという、複数の性格を有する低地と位置付けられる[4]。

一方、琵琶湖の北東岸には、姉川の河口が湖に向かって突き出し、そこを頂点として湖岸線が弓なりの尖角(カスプ)状三角州が発達している(図3)。姉川の流域面積は 686 km^2 と滋賀県内最大で、山地から湖岸の平野への出口には、支流の草野川とともに作る合流扇状地が見られる。河川によって運搬される土砂量が多く、琵琶湖に注ぐ河口は湖に向かって突き出している。河口両岸の湖岸線は緩い弧を描き、その陸側にはそれぞれ比高約 2 m、幅 80 〜 130 m、延長 1.5 〜 2 km の浜堤が作られている。河口から沖合約 500 m で、琵琶湖の湖底は水深 40 m に達し、そのため三角州の前置斜面(河口沖合いの平坦面の前面に形成される斜面)は、70/1000 の急勾配となっている。そのため、ここでは河口部のみが湖に突き出し、波浪や沿岸流によって河口両側の湖岸線が平滑な弓形に整形され、全体として典型的な尖角状三角州となっている。

図 3. 琵琶湖北東岸に注ぐ姉川の尖角状三角州
地理院地図:2011 年撮影。

これに対し、琵琶湖の南東岸は、日野川および野洲川の複数の枝分れした河道に沿って自然堤防が延び、河口部分が湖に張り出し出入りの激しい湖岸線となっている。このうち野洲川は、近江太郎とも呼ばれる滋賀県を代表する河川で、鈴鹿山系に源を発し琵琶湖南東岸に多量の土砂を運んできた。かつて「八洲川」とも表記されたように、洪水を繰り返し下流では多くの分岐した流路が残されている。1895 年発行の 2 万分の 1 地形図「堅田」を見ると、かつての野洲川の複数の旧河道の河口付近では、それぞれ流路が細かく枝分かれしており、その平面形態は、先に述べた鳥趾状三角州と円弧状三角州の中間的な形態で、あえて分類すれば突状（舌状）[lobate]三角州とすることができる[5]（図 4）。

　このように、様々な平面形態の三角州が見られる琵琶湖に対し、海岸に位置し平均水深が 3 〜 10 m と浅く、湖岸の勾配も緩やかで、また水域での波浪や

図 4. 琵琶湖南東岸に注ぐ野洲川が作る三角州
今昔マップより、1895 年発行の 2 万分の 1 地形図「堅田」。

沿岸流の影響も小さい海跡湖では、いったいどのような形態の三角州が作られているのだろうか。

ただしそのような海跡湖では、流入河川が作る三角州に古くから人が住みつき、様々な地形改変が行われている。そのため、流入河川が作った自然状態の三角州の地形は、現在では非常にわかりづらくなっている。そこで以下では、明治時代に作成された地形図や、地形分類図（地理院地図の土地条件図、治水地形分類図）などを参考にして、海跡湖に流入する河川が作った本来の三角州の形態について検討する。

3．典型的な鳥趾状の網走川三角州

第7章で紹介したように、北海道の網走湖に注ぐ網走川三角州では、分岐した新旧の河口の先端が湖中に突出したローブが12カ所も見られ、日本の代表的な鳥趾状三角州の例とされる（図5、左）。網走湖では、これまで湖岸での干拓や埋め立てがほとんど行われず、現在築かれている湖岸堤防も、かつての

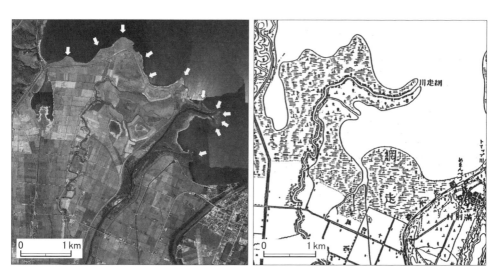

図5. 網走湖に注ぐ網走川の鳥趾状三角州
左：地理院地図：1977年撮影にローブの位置（矢印）を加筆、右：1924年測図5万分の1地形図「女満別」。

第 8 章　海跡湖に特徴的な鳥趾状三角州　　99

三角州のローブ先端部分が堤防の外側（湖側）となる位置に建設されているため、かつてのローブがそのまま地形として確認できる。

　網走湖は、平均水深が 6.1 m でとくに網走川が注ぐ南岸は水深がきわめて浅く、河川から相対的に多量の堆積物が供給されたため、典型的な鳥趾状三角州が作られた。これに加えて、第 7 章 5. で述べたように以下の要因が重なったため、日本一ローブが多い湖となったと考えられた。すなわち、今から約 100 年前の網走川は、南から北流して途中で東側に向きを変え、湖中に嘴のように突き出した三角州を作っていた（図 5、右）。しかし、戦後の治水事業（1951 年以降）によって、新たな河道が旧河道の東側に作られ、その河口周辺にも分岐した複数の河道が発達した。その結果、作られた時期が異なる鳥趾状三角州が水平方向に広がり、多数のローブがある現在の網走川三角州となったのである。

4. 国営干拓事業で円弧状になった岩木川三角州

　鈴木（1998）[6] は、三角州の海岸線の概形を分類基準として、三角州を鳥趾状、多島状、円弧状、尖角状、直線上、そして湾入状の 6 種類に分類して示している。その中で、鳥趾状三角州の具体例として上述の網走川の三角州、そして円弧状三角州として岩木川の三角州が挙げられている。以下では、この円弧状三角州の具体例とされた、十三湖に注ぐ岩木川の三角州について再検討する。

　地理院地図の 1975 年撮影の空中写真を見ると、確かに十三湖に注ぐ岩木川の河口右岸と左岸はきれいな円弧を描いた湖岸線になっており、全体としてまさに典型的な円弧状三角州のように見える（図 6、左）。しかし、写真に写っている圃場の区画に注目すると、三角州の右岸北側の円弧状部分とそれより南側の部分とは、区画が大きくずれている。また、その南側の水田地帯を北に向かって流れる 4 本の小河川の流路は、途中で切断され北側の円弧部分には認められない。

　実は三角州の北側の円弧状の部分は、第二次世界大戦後 1946 ～ 61 年に国営干拓事業が行われた部分で、それ以前の 1917 年発行の 5 万分の 1 地形図では、この部分は十三湖の湖底に当たる。十三湖に注ぐ岩木川が作った本来の三角州は、分岐した複数の流路がさらに枝分かれして湖に注いでいる。そして、それ

100　第Ⅲ部　湖奥にひろがる三角州

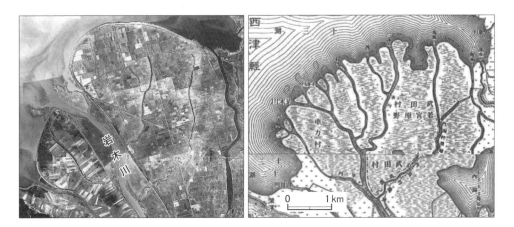

図6. 十三湖に注ぐ岩木川の三角州
左：地理院地図：1975年撮影に加筆、右：1917年発行5万分の1地形図。

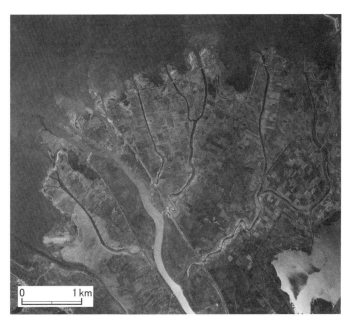

図7. 1948年撮影の空中写真（米軍撮影）
国土地理院の空中写真（USA-M1010-108）より。

第 8 章　海跡湖に特徴的な鳥趾状三角州　　101

らの河口沖合には複数の水中の浅瀬（河口洲）も描かれ、全体として細かい凹凸のある湖岸線を呈している（図6、右）[7]。

　このような三角州全体を円弧状と表現することもできようが、1948年に撮影された米軍の空中写真を見ると、細かく分岐した河口の沖合の水中部分に、それぞれ湖に向かって延びる長さ1,000 m以上の水中の砂州を確認することができる（図7）。このように、枝分かれしたそれぞれの河道に沿って水中の高まりが延びている事実を考慮すると、岩木川三角州は円弧状三角州に分類されるのではなく、先に述べた網走川三角州のように、小規模な鳥趾状三角州が水平方向に連続して発達し、その後の干拓事業によって円弧状の湖岸線となったと説明すべきであろう。

5. 地先干拓で尖角状になった馬場目川三角州

　旧八郎潟の南東岸には、馬場目川が八郎潟に注ぎ、河口部に標高6 m以下の三角州性の低地を作っている。『秋田県地名大辞典』の「馬場目川三角州」の項目では、「三角州は河口付近でカスプ（嘴）状に突出している[8]」と記されている。たしかに地理院地図で現在の馬場目川の三角州を見ると、東側から旧八郎潟（現在は八郎潟調整池）に注ぐ河口の南北の湖岸線が弓形に湾曲し、先に紹介した琵琶湖の姉川が作る尖角状三角州（図3）と同じように見える（図8、左）。しかしよく注意してみると、馬場目川の河口南側の幅約500 mの部分は、圃場の区画がそれより内陸側とずれており、先の岩木川の三角州と同様にここが新しい干拓地であることに気づく[9]。

　そこで国営干拓事業以前の1915年発行の5万分の1地形図を見ると、やはり馬場目川の河口は湖に向かって突出し湖岸線は尖角状になっている（図8、右）。しかし、この図で河口をはさんだ南北の湖岸線の陸側約400〜1,000 mの部分に注目すると、そこは標高0.1〜0.5 mの低地で、先の姉川の尖角状三角州で見られるような、背後の低地より1〜2 m高い浜堤のような微高地は認められない。

　実は、この標高の低い部分は、明治〜大正期前半に行われた「まきだて田」と呼ばれる干拓地である[10]。「まきだて田」とは、水辺に土で防波堤を作って

第Ⅲ部　湖奥にひろがる三角州

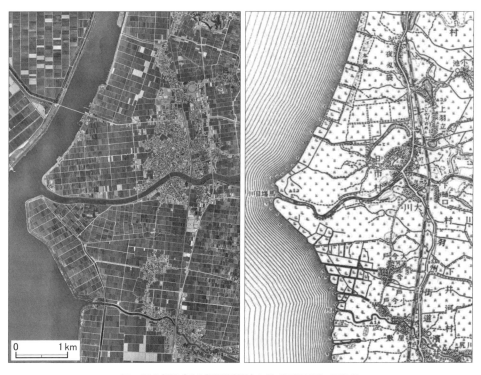

図 8. 旧八郎潟（現八郎潟調整池）に注ぐ馬場目川の三角州
左：地理院地図、右：1915 年発行 5 万分の 1 地形図。

囲い、中の水をかき出して陸地化する地先干拓の 1 つで、かつて地元（今戸）の住人が琵琶湖を訪ねた際にこれを見て、見よう見まねで始めたとされる [11]。馬場目川が注ぐ八郎潟の湖底の水深は 3.5 m ときわめて浅く、砂州で閉じられた水域であるため波浪や沿岸流も弱いことから、特別の機械や資材を用いなくても、明治時代から比較的容易にそのような地先干拓が進められたのであろう。

　この三角州を 1948 年に撮影された米軍の空中写真を見ると、標高が低い「まきだて田」の部分は全体として湿っているためか、それより内陸側の低地より黒っぽく写っている（図 9）。この「まきだて田」の部分を除くと、馬場目川は低地でゆるく蛇行し、河口付近だけが八郎潟に突き出し、その両側の湖岸線

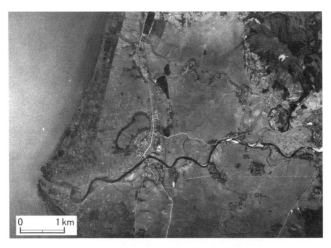

図9. 1948年撮影の空中写真（米軍撮影）
国土地理院の空中写真（USA-M1021-110）より。

は滑らかな弓形にはなっていない。また、地形図の北側にある夜叉袋村には「蝦夷湊」という字名があり、かつてこの場所に馬場目川が流れ、湖岸沿いの入江に船着場があったと推定されている[12]。

このような古い空中写真の判読結果や旧字名などを参考にすると、馬場目川は、かつて八郎潟南東岸でいく筋かに分流しながら潟に注いでいたが、江戸期以降の湖岸での新田開発や井堰の整備に伴って河道が集約され、その河口部分が次第に湖に突き出して、突状の三角州を作った。そして、明治期以降その河口の南北の湖岸で地先干拓が行われ、結果として湖岸線がきれいな尖角状になったと推測される。したがって、馬場目川の現在の湖岸線の形状から、馬場目川が尖角状三角州を作っているとするのは、正確ではない。

6. 海跡湖に注ぐ川は鳥趾状三角州を作った

はじめに述べたように三角州の平面形態は、河川が注ぐ海（湖）底の地形条件（勾配や水深）、波浪や沿岸流の状況、そして流入する河川の土砂供給の大小によって異なる。そのため琵琶湖では、西岸の安曇川では扇状地の性格をお

104　第Ⅲ部　湖奥にひろがる三角州

びる円弧状の湖岸線となり、北東岸の姉川では尖角状三角州、そして南東岸の野洲川では鳥趾状三角州と円弧状三角州の中間的な突状三角州が形成されていることを紹介した。

　これに対し、湖盆が極めて浅く波浪や沿岸流の影響の少ない十三湖や八郎潟に注ぐ岩木川や馬場目川の河口には、それぞれ鳥趾状三角州、突状三角州が作られたことを示した。

　同様に、人為的な地形の改変がなされる以前の海跡湖に注ぐ河川の河口部の様子を、明治前期の地形図や 1940 年代後半に撮影された米軍の空中写真などで確認すると、例えば霞ヶ浦の北西部に注ぐ恋瀬川の三角州（図 10）や、茨城県涸沼に注ぐ涸沼川の三角州（図 11）なども、本来は鳥趾状〜突状三角州の平面形態だったと推測される。

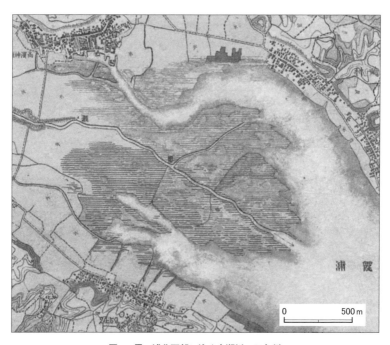

図 10. 霞ヶ浦北西部に注ぐ恋瀬川の三角州
「明治前期 2 万分 1 フランス式彩色地図」農研機構農業環境研究部門 歴史的農業環境閲覧システム[13] より。

海跡湖は、いずれも全体的に湖底が浅く、とくに河川が流入する湖奥の水深はわずか数mで、流れ込む河川から相対的に多くの堆積物が湖まで運ばれる。さらに湖水域は、砂州などの地形よって外海と隔てられているため、波浪や沿岸流の影響は限られる。そのため、多くの日本の海跡湖では、人為的な地形改変がない状態では、鳥趾状三角州または河口部分が湖に突き出した突状三角州が作られていたと考えられる。

　しかし現在は、先にも述べたように、低地に位置する海跡湖では、様々な人為的な地形改変によって、自然状態での三角州の形態は失われてしまった。本章では、岩木川河口における戦後の国営干拓事業と、馬場目川河口における明治〜大正期の地先干拓の事例を紹介した。三角州での人為的な地形改変は、このような干拓事業のほか、江戸期以降の水田造成方法の1つである「川違え」

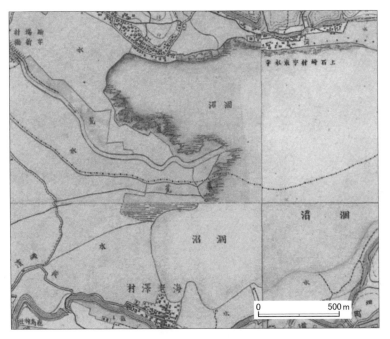

図11. 涸沼西岸位注ぐ涸沼川の三角州
「明治前期2万分1フランス式彩色地図」農研機構農業環境研究部門 歴史的農業環境閲覧システム[13] より。

106　第Ⅲ部　湖奥にひろがる三角州

や、近代の治水工事による河道の付け替え・掘削、さらには近年の埋め立てなど、様々な目的や方法がある。これらについては、次章で人は何のために、どのように三角州を広げてきたのかについて述べたい。

【注】

[1] 海津正倫（2017）「三角州」日本地形学連合編『地形の辞典』朝倉書店：302-303.

[2] 例えば、藤岡健二郎編（1973）『地形図に歴史を読む 第5集－続日本歴史ハンドブック－』大明堂：p37 など.

[3] 例えば、辰巳 勝（2009）「琵琶湖東岸における地形環境の変遷について－その2, 北湖の湖岸を中心として－」近畿大学教育論叢, 21（1）：49-74.

[4] 国土地理院地図の「日本の典型地形」では、この地形を「湖成三角州」の典型事例とし、とくに円弧状三角州とは呼んでいない． https://www.gsi.go.jp/kikaku/tenkei_kasen.html#%E4%B8%89%E8%A7%92%E5%B7%9E（最終閲覧日：2022年2月1日）.

[5] 井関広太郎（1972）『三角州』朝倉書店：23-24 では、鳥趾状三角州と比較して突出部（lobe）の数は少ないが、明瞭な lobe が水域に向かって発達している三角州を突状三角洲（lobate type）として紹介している. また, 鍋谷 淳・宮田雄一郎・山村恒夫・岩田尊夫・小幡雅之（1990）「淡水成デルタと海成デルタの堆積作用 －その1：構成粒子, 内部構造, 形態からみた比較－」石油技術協会誌, 55（2）：17-24 では, 野洲川の河口（図4の西側の突出部分）を「明瞭な舌状デルタの例」としている.

[6] 鈴木隆介（1998）『地形図読解入門 第2巻 低地』古今書院：337-358.

[7] 小岩直人（2022）「写真でとらえる地形と暮らし 8 青森県岩木川デルタ」地理 67-11：87-93.

[8] 馬場目川三角州：『角川日本地名大辞典 5 秋田県』1980：p548. なお, カスプ（cusp）とは三日月の先端部分のように, 2本の弓形の曲線が接してできる突出部分をさす用語であり, 本来は嘴という意味はない. 正しくは,「カスプ（嘴）状」ではなく,「カスプ（尖角）状」とすべき.

[9] この部分は, 1957年から始まった国営八郎潟干拓事業の中の東部干拓地第5工区.

[10] 谷口吉光（2022）『八郎潟・八郎湖学叢書② 八郎潟はなぜ干拓されたのか』さきがけブックレット（秋田魁新報社）：129p.

[11] 三浦鉄郎（1970）「八郎潟東岸平野における開発の歴史地理学的研究」地理学評論 43-11：674-685.

[12] 夜叉袋村：「日本歴史地名大系第五巻 秋田県の地名」1980：p464.

[13] 農業環境研究所 農研機構農業環境研究部門 歴史的農業環境閲覧システム. https://habs.rad.naro.go.jp/habs_map.html?zoom=13&lat=35.77792&lon=140.3158&layers=B0（最終閲覧日：2024年6月1日）.

第9章

人は三角州を
どのように広げてきたのか？

Key words：川違え、天井川、大規模干拓

1. 人為による三角州の拡大と地形改変

　第8章では、湖盆全体が浅く波浪や沿岸流の影響が少ない海跡湖では、人為的な地形改変がなければ、河口部分が湖中に突き出し複数の流路が分岐した鳥趾状、または突状三角州が作られたことを述べた。しかし、明治時代以降の地先干拓や第二次大戦以降の大規模干拓、また流入河川の治水事業などによって、現在海跡湖で見られる三角州の地形は大きく改変されている。本章では、そのような三角州における地形改変について、何のためにいつどのように改変されたのか、代表的な事例を挙げながら検証する。そして、人為的な地形改変が海跡湖にどのような影響を及ぼしたのかについて考えてみたい。

　第5章でも述べたように、海跡湖では沿岸水深数 m 以下に湖棚がよく発達しているため、三角州を含む湖岸には、水生植物の群落地が広がっていた。そのような水生植物群落地は一般にヨシ原と呼ばれる。ヨシ原は、第4章でも触れたように湖水の浄化機能を担い、湖沼生態系の要でもあり、とくに魚類や甲殻類、貝類などの産卵・幼生の保育場所として重要である。

　そのためヨシ原は、地域の住民によって、初冬～3月下旬のヨシ刈り、春先のヨシ焼き、4～6月にかけての蘆（芦）刈神事など、1年を通して丁寧に維持管理されてきた。近世～明治期頃までは、丘陵地の集落における「里山」と同様に、人々はヨシ原から得られる豊かな生物資源を持続的に利用してきたといえる[1]。

　しかし、明治～大正期になると、第8章で紹介した八郎潟南東部の馬場目川の事例のように、集落の地先で小規模な干拓が始まった[2]。八郎潟では、一般的な湖岸にヨシを植栽し、土砂がそこに堆積するのを待って地先を少しずつ

伸ばす地先干拓のほか、馬場目川河口付近では水辺の土で防波堤を作って囲み、中の水をかき出す「まきだて田」という手法や、八郎潟西岸の背後に砂丘が発達している地区では、砂丘を崩してその砂で湖岸を埋め立てる「砂土埋立」などによる新田開発が行われた[3]。

　一方、上流からの土砂供給が非常に多い河川の下流では、八郎潟のような地先干拓や砂土埋立とは違って、人工的に河道を付け替えてその土砂で水域を埋め立てる「川違え」という手法で、近世以降急速に三角州の拡大が進んだ。

　機械による土木工事が可能な明治期後半以降になると、地先干拓のような各集落による小規模な干拓でなく、地元自治体によって湖中に堤防を築いてポンプ排水をし、湖岸の浅場で面積数十 ha 規模の干拓が進められた。

　第二次世界大戦後には、食糧不足を解決するために、国や県の事業として湖沼や浅海で面積数十〜百 ha 以上の大規模な干拓が進められた。そのうち海跡湖は、平野部に位置し元々湖盆が数 m 以下と浅いため、秋田県の八郎潟や石川県の河北潟などのように、湖の大部分を干拓するような面積 1,000 ha を超える大規模な干拓事業が計画、実施された[4]。

　しかし、そのような大規模な湖面の干拓は、1970 年以降の「総合農政」による米の生産調整によって一部は中止された。その一方で、都市の市街地に隣接する三角州地域では、都市化の進展によって干拓地への盛り土や、新たな埋め立て地の造成によって、従来の水田としての土地利用から都市的な用途へと大きく変化した。

　本章では、このような人為による海跡湖の三角州での地形改変について、まず「川違え」が頻繁に行われた島根県の斐伊川と飯梨川を取り上げる。そして、戦後の国や県よる大規模干拓について全国的にレビューし、最後に市街地の拡大と三角州の変貌について、霞ヶ浦北西岸に注ぐ桜川河口を事例として、三角州における新たな災害のリスクについて考えたい。

2. 斐伊川の「川違え」による三角州の拡大

　島根県東部の島根半島と中国山地の間に広がる出雲平野は、中国山地から流れ出る斐伊川と神戸川によって作られた三角州性の沖積平野で、簸川平野とも

呼ばれる。そのうち、東側の宍道湖との間に広がる低地は、斐伊川が作った三角州と、主に江戸時代以降の「川違え」によって人為的に造成された土地である。上流から多量の土砂が運搬される河川では、下流の氾濫防止のために堤防を築いて河道を固定すると、洪水時に川が流れる堤防の間(堤外地)に土砂が堆積し、河床が周辺の低地より高い天井川となる。そのため人々は、氾濫を防止するために河道を人為的に移し替えて、洪水災害のリスクを低くするとともに、新しい河道を通して土砂を下流に堆積させ新たな土地を拓いてきた。これが「川違え」と呼ばれる近世の治水および土地造成法である。

　中国山地では、古代から砂鉄を原料としたたたら製鉄が行われてきたが、慶長期（1596-1615 年）以降、とくに貞享・元禄期（1684-1704 年）以後に天秤吹子が発明され鑪（砂鉄の製錬炉）での生産が飛躍的に増加した。この頃には、鉄穴流しという手法によって、風化が進んだ花崗岩の山地斜面で、大掛かりに砂鉄採取が行われるようになったとされる[5]。そのため近世中期以降、江川、神戸川、斐伊川、飯梨川、日野川など、山陰の諸河川の下流平野では急速に三角州が拡大し、それと前後して「川違え」による土地の造成が進んだ。

　その 1 つである出雲平野東部を流れる斐伊川は、山地から平野に出て北流し、その後東に向きを変えて宍道湖に注いでいる。しかし、江戸時代初期までの斐伊川は、現在の神西湖付近に広がっていた神門水海を埋め立てるように、西側に向かって流れていた。ところが寛永年間の大洪水（1635 年あるいは 1639 年）をきっかけに、築堤工事（1641-1657 年）によって流路が東向きに固定され、現在のように宍道湖に注ぐようになったとされる[6]。

　その後斐伊川左岸側では、①平田川違え（1687-1723 年、36 年間斐伊川の主流路）、右岸では②島村川違え（1723-1785 年、同 62 年間）、③三分市川違え（1785-1809 年、同 24 年間）、そして④百間枝川が開削（1809-1832 年）され、さらに斐伊川の放水路として⑤新川の開削（1831-1836 年）が行われた[7]（図1 左）。このような江戸時代中期以降の「川違え」や新しい河道の開削によって、出雲平野東部では低地が全体として東側に約 4 km 前進した。地理院地図上でその増加した面積（干拓地）を含めて計測すると、元の斐伊川が作った三角州の面積のおおよそ 1.4 倍となる（図 1 右）。出雲平野東部では、三角州の拡大において人為的な関与がいかに大きかったかが実感される。

第III部　湖奥にひろがる三角州

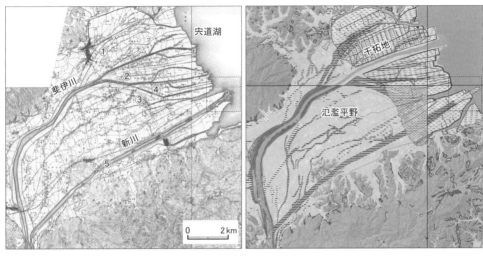

図1. 宍道湖西岸の簸川平野
左：1917年発行2万5千分の1地形図、右：地理院地図＞治水地形分類図に加筆。

　1836年に開通した新川は、1939年の斐伊川改修事業に伴って締め切られ、その後廃川となった。このおおよそ100年の間に、堤防間には土砂が厚く堆積物して天井川化し、直線状に約12 km続く細長い台地状の地形が残された。その幅は150〜250 mで、周囲の低地よ

図2. 住宅地や太陽光発電パネル用地になった天井川化した新川の旧河道
2019年7月6日筆者撮影。

り2〜4 m高い。第2次世界大戦後に民間に払い下げられ、畑地のほか工場、公共施設や一般の住宅地、太陽光発電施設などの用地として利用されている（図2）。
　なお、宍道湖に注ぐ当時の河口部分は、かつては典型的な多島状三角州[8]の様相を呈していた（図3左）。廃川後、1964年にその河道跡地を利用して公共用

第 9 章 人は三角州をどのように広げてきたのか？　111

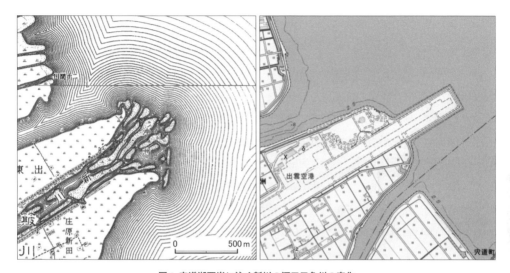

図 3. 宍道湖西岸に注ぐ新川の河口三角州の変化
左：1917 年発行 2 万 5 千分の 1 地形図、右：地理院地図。

飛行場が整備され、1966 年に出雲空港として開港した。その後 1991 年にジェット機就航のため、河口沖合が埋め立てられて、現在のような滑走路延長 2,000 m の出雲空港となった（図 3 右）。

3. 飯梨川三角州での「川違え」と天井川

　島根県安来市の中海南岸では、飯梨川の三角州が広がっている。1917 年発行の 2 万 5 千分の 1 地形図を見ると、当時の飯梨川三角州は全体として円弧状を呈している（図 4 左）。しかし、現在の飯梨川の河口は中海に 500 m ほど突き出している（図 4 右）。この 2 時期の地形図を比較すると、現在の飯梨川の河口部分は、最近約 100 年間に新たに作られたことがわかる。これは、飯梨川が運搬する土砂量が多いため、河口部で盛んに堆積作用が起こっている証でもある。
　その象徴的な出来事として、1991 年中海の水位が 1 年のうち最も低下する 2 月に、飯梨川の河口沖合数十 m の地点に、水面からの比高約 1.7 m、幅約 30 m、長さ約 70 m の 2 つの泥の島（マッドランプ：mud lump）が出現した（図 5）。マッ

112　第Ⅲ部　湖奥にひろがる三角州

図 4. 飯梨川三角州における「川違え」
左：1917 年発行 2 万 5 千分の 1 地形図、右：地理院地図＞治水地形分類図に図 6 の断面図の位置を加筆。

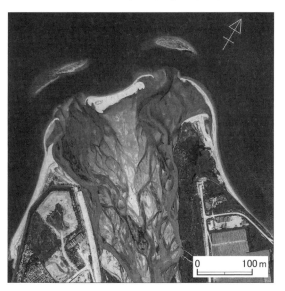

図 5. 飯梨川河口沖に出現したマッドランプ
1991 年 5 月 14 日撮影、徳岡ほか、1994[9] の図版 II に縮尺を加筆。

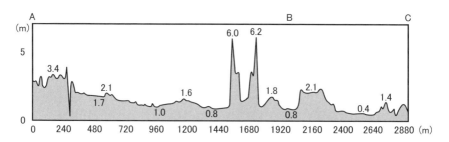

図 6. 飯梨川三角州の地形断面図
地理院地図を基に作成、図中の数値は標高値 (m)、A-B-C は図 4 の位置を示す。

　ドランプとは、その名の通り泥の塊で、世界的にはミシシッピ川の河口でしばしば出現することが知られている現象である。飯梨川の河口沖に出現したマッドランプは、先に述べたようにこの約 100 年の間に河口が急速に前進し、そこに比重の大きい砂層が厚く堆積した。そのため、その下に堆積していた細かい泥からなる地層（三角州の底置層）の内部で円弧すべりが起こり、その結果、沖合の湖底の泥が持ち上げられて、水面上に小島として現れたとされている[9]。

　ところで、図 4 右の地理院地図の治水地形分類図では、現在の飯梨川河道の西側に 2 筋、東側に 2 筋、合計 4 筋の明瞭な旧河道（水平線の入った帯状の部分）が認められる。これらの旧河道のうち、左岸側の 2 筋は、それぞれ 1550 年頃と 1664 年の大洪水で新たに作られた河道とされている[10]。これに対し、飯梨川右岸側で逆「く」の字型に現河口部分まで伸びている部分が、1664 年の洪水後に「川違え」によって人為的に付け替えられた河道である。そして、1840 年に再び「川違え」によって、現在の位置に飯梨川が固定された。

　このように、飯梨川下流の三角州では、自然の土砂の堆積だけでなく、江戸時代中期以降の人為的な「川違え」によって、新たに土地が造成された。なお、図 4 右の治水地形分類図中の A-B-C の破線で示した位置の地形断面図を作成してみると、左岸側では氾濫原との比高 1 m ほどの微高地が 3 カ所認められる（図 6）。これらは、いずれも洪水氾濫で生まれた河道に沿って堆積した自然堤防の高まりである。これに対し、右岸側の 3 カ所の微高地のうち、標高 2.1 m、幅約 150 m の高まりが 1665 年から 1840 年まで 175 年間飯梨川の河道だった部分である。この河道の河床と、周辺の氾濫原との標高差（比高）は 1.3 〜 1.7 m あり、当時この

114　第Ⅲ部　湖奥にひろがる三角州

部分が典型的な天井川となっていたことが読み取れる。現在ここでは、スプリンクラーによる地下水灌漑で、砂地を生かした果樹や蔬菜の栽培が行われている[11]。

　天井川は、一般的には古くから開発された扇状地地域でよく見られるが、斐伊川や飯梨川下流では、三角州という地形上に複数の天井川が作られている。本来三角州は、分岐した河道に沿って比高1m以下の自然堤防が見られる程度で、極めて低平な地形である。しかし、これらの三角州では近世以降の「川違え」という人為的行為が、その平面形態だけでなく地表面の微地形にも大きく影響を与えていると言える。

4. 大規模干拓による湖盆の消滅と縮小

　本章の1.で述べたように、第二次世界大戦後には湖面干拓7.5万ha、海面干拓2.5万haが計画され、そのうち面積150ha以上の干拓が国の直轄事業、同10ha〜150haが県営の補助事業とされた[12]。

　このうち湖面干拓は、琵琶湖の大中の湖（1,044ha）・小中の湖（305ha）、入江内湖（303ha）、津田内湖（119ha）など琵琶湖の湖岸の内（陸）側に存在する内湖のほか、日本海沿岸と北関東に分布する多くの海跡湖で計画・実施された（図7）。海跡湖での干拓のうち、八郎潟（14,989ha）、河北潟（1,126ha）、印旛沼（863ha）などでは、元の湖面の大部分が干拓され、残存水域は干拓地での農業用水源としての「調整池」になり、広々としたかつての湖沼としての景観は失われてしまった。そのほかの海跡湖では、主として湖に注ぐ河川の三角州で面積数十〜数百ha規模の干拓が実施された。

　1945年以降、1985年までに干拓（一部埋立地を含む）が行われた湖沼は、57湖沼、総面積34,400haに達する[13]。このうち最大の八郎潟干拓では、オランダの技術と世界銀行の協力を得て、1957〜1964年に湖盆中央部と周辺部で干拓地が造成され、残りの水面は調整池と承水路（中央干拓地の農地の湛水被害を軽減するために設置される水路）となった。第8章で取り上げた十三湖での干拓事業も、1946〜61年にかけて岩木川の三角州前面の面積1,262haが国営事業として干拓されたことは、すでに述べた通りである。

　このような大規模な湖沼での干拓事業は、その後1960年代後半以降の国内

第 9 章　人は三角州をどのように広げてきたのか？　　115

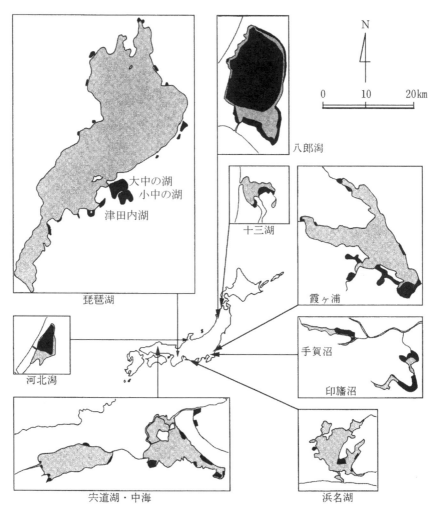

図 7. 主な湖沼における 1945-85 年の干拓地（一部埋立地も含む）
平井、1995[13] の図 6.1 に一部加筆・修正。

116　第Ⅲ部　湖奥にひろがる三角州

での米の生産過剰を背景とした1969年の「新規開田抑制」の事務次官通達、および1970年からの本格的な「米の生産調整」（農家に減反や転作を奨励し援助を行うもので、一般には減反政策とも言われる）、そして湖沼そのものの価値の見直しなどによって、中海干拓（その一部の本庄校区）などが中止された。

5. 三角州の市街地化と内水氾濫のリスク

　茨城県の霞ヶ浦西部の土浦入りに注ぐ桜川の河口には、少なくとも鎌倉時代から集落が存在し、近世には水戸街道を取り込む形で土浦城とその城下町が建設された。土浦城と城下町は、桜川の氾濫原より1〜2mほど高い砂州地形を利用して建設されたが、周辺は標高1m前後の低湿地で、街道や町屋の建設にはかなり埋め立ても行われたと考えられている[14]。

　土浦城〜桜川河口付近が描かれた最も古い地形図は、1888年作成の2万分の1フランス式彩色地図である（図8‐①）。この図の左上には、土浦城の堀から霞ヶ浦に流れ出る一筋の水路が描かれている。図中央の霞ヶ浦に注ぐ桜川は、土浦城下の南側で2筋に分岐し、そのうち南側の流路は霞ヶ浦に注ぐ手前でさらに2つに分かれ、それぞれの河道は湖に突き出すように延びている。これらの分岐流路の河口および一帯の湖岸には、ヨシ原（地図では、漢字で「芦」と記されている）が広がっている。1908年発行の5万分の1地形図（図8‐②）では、桜川の北側の分岐流路の河口付近で、さらに2つに分かれていることがわかる。三角州での土地利用は水田で、この時代までは三角州での人為的な地形改変はほとんど見られない。

　しかし、1947年発行の5万分の1地形図（図8‐③）を見ると、現在の桜川の河道が新しく掘削されている。その河口の北側には、1934〜49年に藤川干拓地（面積14ha）が造成され、さらにその北側の現在の運動公園付近は、都市的用途として埋め立てられている。その後、桜川左岸の水田だった三角州の氾濫原と干拓地は、戸建ての住宅地（港町1〜3丁目）となった（図8‐④）。

　このうち土浦駅に近い港町1丁目の土地は、標高1.5〜2.1mであるが、その湖側の港町2丁目は同1.0〜1.5mしかない。そのさらに湖側の港町3丁目は、旧来の水田から住宅地に転用されて標高は概ね2.0mとなっている。すな

第9章 人は三角州をどのように広げてきたのか？　117

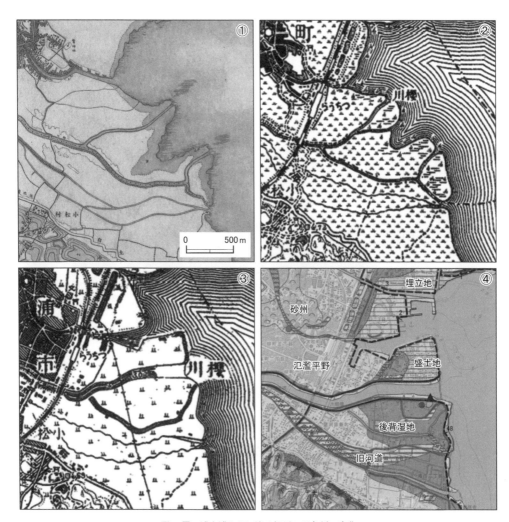

図 8. 霞ヶ浦土浦入りに注ぐ桜川の三角州の変化
① 2万分の1フランス式彩色地図（1888年）農研機構農業環境研究部門 歴史的農業環境閲覧システム[15]より、
② 1908年発行5万分の1地形図、③ 1947年発行5万分の1地形図、④ 地理院地図 > 治水地形分類図に加筆。

図 9. 桜川河口付近の土地利用と土地の標高
地理院地図：2008 年撮影に加筆。

わち、湖側よりも内陸側の三角州の標高の方が低いという逆転現象が起こっている（図 9）。

一方、桜川右岸の新しく住宅地が広がっている蓮河原町の標高は、0.1 〜 0.3 m しかない。現在、霞ヶ浦の湖水位は、最下流の常陸利根川水門で人為的に管理され、通常は標高 + 0.26 m（YP + 1.1 m [16]）に保たれている。洪水時には、最大 + 0.46 m（YP + 1.3 m）まで水位が上昇する可能性がある。すなわち、この桜川河口の三角州および干拓地に拡大した住宅地では、大雨時に排水不良による内水氾濫のリスクが高くなっている。

また、海と繋がっている海跡湖においては、土地利用が都市的な用途へと大きく変化した三角州での内水氾濫に加えて、今後地球温暖化に伴う海面上昇によって、さらなる災害のリスクが高まることが懸念される。この課題と対応については、第 12 章で改めて検討したい。

【注】

[1] 西川嘉廣（2002）『ヨシの文化史－水辺から見た近江の暮らし－』サンライズ出版：242p.

[2] 三浦鉄郎（1970）「八郎潟東岸平野における開発の歴史地理学的研究」地理学評論 43：674-685.

[3] 谷口吉光（2022）『八郎潟・八郎湖学叢書② 八郎潟はなぜ干拓されたのか』さきがけブックレット（秋田魁新報社）：129p.

[4] 農林省農地局開墾建設課監修（1964）『開拓・干拓総覧』土地改良新聞社：792p.

[5] 貞方 昇（1996）『中国地方における鉄穴流しによる地形環境変貌』渓水社：p124.

[6] 徳岡隆夫・大西郁夫・高安克巳・三梨昂（1990）「中海・宍道湖の地史と環境変化」地質学論集 36：15-34.

[7] 林 正久（1993）「出雲平野の微地形と近世の開発－高瀬川と来原岩樋－」島根地理学会誌 37：1-11.

[8] 鈴木隆介（1998）『建設技術者のための地形図読図入門 第 2 巻 低地』古今書院：340-341.

[9] 徳岡隆夫・山内靖喜・三瓶良知・宮田雄一郎（1994）『マッドランプ：中海, 安来市飯梨川河口』島根大学汽水域研究センター：30p.

[10] 林 正久・松浦和之（1987）「安来平野の地形とその形成過程」社会科研究（島根大学教育学部社会科研究室）12：1-4.

[11] 平井幸弘（2005）『水辺の環境ガイド 歩く・読む・調べる』古今書院：1-11.

[12] 山野明夫（2006）『日本の干拓地』農林統計協会：227p.

[13] 平井幸弘（1995）「海跡湖の環境変化」西川 治監修『アトラス 日本列島の環境変化』朝倉書店：106-107.

[14] 土浦市史編さん委員会（1991）『図説 土浦の歴史』土浦市教育委員会：p90.

[15] 農業環境研究所 農研機構農業環境研究部門 歴史的農業環境閲覧システム. https://habs.rad.naro.go.jp/habs_map.html?zoom=13&lat=35.77792&lon=140.3158&layers=B0（最終閲覧日：2024 年 6 月 1 日）.

[16] Y.P. とは, Yedogawa Peil の略号で, 江戸川堀江の水量標の 0 を基準として, 江戸川, 利根川, 那珂川等の水位の基準となっている. T.P.（東京湾中等潮位）との関係は, T.P. 0.0 m = Y.P. + 0.84 m.

コラム3　沙漠や火星にもあった鳥趾状三角州

　第7～9章では、海跡湖の湖奥にひろがる三角州という地形に注目した。河川が注ぐ水域が浅く、波浪や沿岸流の影響が少ない海跡湖では、網走川の三角州をはじめ多くの海跡湖で鳥趾状三角州が作られた。しかし現在では、人為的な干拓や埋め立てによって、そのような自然状態の三角州を確認するのは困難である。しかし、シリア沙漠北西部のパルミラ盆地や、火星の赤道近くのエベルスヴァルデ・クレーターの内部には、過去に作られた鳥趾状三角州の化石地形が残されている。

・パルミラ盆地の鳥趾状三角州

　世界文化遺産都市であるパルミラは、ローマ時代の有名な遺跡で、パルミラ盆地北西端の標高400 m前後の合流扇状地上に立地する。その南側の標高370～380 mには、かつての湖が干上がり、現在は塩分に覆われた平坦なプラヤ（現地語ではサブハ・ムー）と呼ばれる平原となっている。扇状地末端に広がるオリーブの果樹園の南側には、蛇のように細長くうねった複数列の丘（長さ最大1.5 km、幅約50 m、比高最大で5.5 m）が、プラヤの中央に向かって指のように何本も伸びている。その堆積物は、円礫〜亜角礫を含む細砂〜シルトで、礫の大きさは南側ほど小さい。パルミラ盆地の東端にもこれと同様な地形が認められ、これらはそれぞれ北側の山地から流れ出て、かつて存在した湖に流入する川が作った鳥趾状三角州の遺物とされる[1]。

　オリーブの果樹園を横切るワジ（涸れ谷）の露頭では、上下を礫層に挟まれた水平の黒い筋が認められる。これは有機物を含む粘土層で、かつて存在した湖の湖岸近くの湿地に堆積した地層である（図1）。この粘土層の高さは標高398.5 mで、その^{14}C年代は約19,000年前であった。すなわち、かつて今より気候が冷涼で降水量が多かった最終氷期には、パルミラ盆地に標高約400 mまで水をたたえた湖が存在し、そこに注ぐ川が鳥趾状三角州を作っていたのである。その湖の大きさは、東西約65 km、南北約30 km、面積約510 km^2（琵琶よりやや小さい）で、約18,000～19,000年前頃からの本地域での急速な気候の乾燥化によって、最終的に15,000年前には消滅した[1]。

図1. オリーブの果樹園を横切るワジの露頭　1984年7月6日筆者撮影。

コラム3 沙漠や火星にもあった鳥趾状三角州　121

・火星のクレーター内部の鳥趾状三角州

　2005年に打ち上げられたアメリカの衛星に搭載され、2006年3月から運用されているハイライズ（High Resolution Imaging Science Experiment）カメラによって撮影された超高解像度（1ピクセル30 cmの解像度）の画像によって、2007年以降、火星の地形・地質学的研究が劇的に進展し、同時にハイライズ画像をGoogle Earthで誰もが気軽に見ることができるようになった[2]。

　その詳細な衛星画像の解析によって、火星の地表にはかつて氷河が流れた跡の地形や、洪水が深く掘り込んだ全長約2,000 km、幅最大500 km、深さ最大3 kmの巨大な谷地形、またかつて水で満たされたクレーターの跡など、様々な地形が認定されている[2]。その中でも、エベルスヴァルデ・クレーター内部には、全体大きさが10 km四方の鳥趾状三角州の地形が明瞭に残されている（図2）。このデルタ地形は、全体として分岐した流路網が保存され、そこには流路に沿って細長く伸びたローブや、逆向きの流路、蛇行流路の短絡などが見られる。かつての河道は低くなく、逆に高くなっている。それは、もともと粗粒の砂礫が流路内に堆積したが、その後この部分は流路の外側の細粒の堆積物からなる部分より侵食に強かったために、そのような逆起伏となったとされている[3]。

　すなわち、火星の地表面には現在液体の水は存在しないが、かつて火星には多量の氷河や水があって、いくつかのクレータの内部には水を湛えた湖が存在した。クレーターには、排出する河川がなく、波浪や沿岸流もなかったことから、クレーター内の湖が縮小していく過程で、そこに流れ込む川が鳥趾状三角州を作ったのであろう。

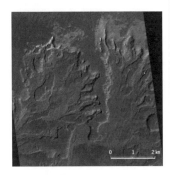

図2. 火星のエベルスヴァルデ・クレーター内に残された鳥趾状三角州の化石地形　NASA/JPL/University of Arizona 23.8S, 326.4E

【注】

[1] Sakaguchi, Yutaka (1987) Paleoenvironment in Palmyra District during the Late Quaternary. T. Akazawa and Y. Sakaguchi edi. " Paleolithic site of Douara cave and paleogeography of Palmyra basin in Syria, Part IV: 1984 Excavations " Univ. of Tokyo Press : 5-28.

[2] 後藤和久・小松吾郎 (2012)『Google Earthで行く火星旅行』岩波書店：120p.

[3] Google Earth ＞火星＞ Spacecraft Imagery ＞ HiRISE Image Browser ＞（23.8S, 326.4E（緯度、経度を入力）＞ The Delta ＞ observation information page（University of Arizona）.

第IV部 湖の生い立ち

小川原湖（面積 62.0 km²、最大水深 26.5 m、平均水深 10.5 m、湖岸線長 47 km）
湖盆の原形をなす埋没谷は、大きく深い谷地形で、湖盆の最深地点は日本の海跡湖の中で最も深く、湖棚崖から続く湖底斜面が顕著で、湖底平原はあまり発達していない。湖南西岸の台地上に二ツ森貝塚（世界遺産）、湖東岸の台地・斜面に野口貝塚が位置している（地理院地図で3D画像を作成、高さ方向の倍率は5倍）。

第10章
海跡湖の起源
−海跡湖は、いつ生まれどのように変化してきたのか？

Key words：最終間氷期の砂州、最終氷期の谷、後氷期の湖岸段丘

1. 最終間氷期にさかのぼる海跡湖の起源

　本章では、第Ⅰ部〜第Ⅲ部で取り上げた海跡湖に特徴的な、湖と海とを隔てる砂州、湖岸低地の湖岸段丘と湖棚、そして湖奥の三角州それぞれ地形を手がかりに、日本の海跡湖の起源とその後現在までその地形がどのように変化してきたのか、海跡湖の生い立ちについて述べる。

　海跡湖の起源について従来は、例えば地形学辞典では「砂州や沿岸州・砂嘴などの発達によって海の一部が閉塞されて生じた潟湖のような湖で、しだいに埋め立てられて海岸湿地となり、ついには完全に埋め立てられて泥炭地になることが多い」[1]と説明された。また専門学術書でも、海跡湖について「完新世前半の海水準上昇に伴って、海岸線に沿って砂州が形成されその内陸側に閉鎖的な水域が生まれた。現在の海岸平野に見られる湖沼の多くは、そのようなかつての水域がまだ十分に埋積されていないもの」[2]と説明されている。

　しかし、第1章で取り上げた長さ約25 kmのサロマ湖の砂州は、そのすべてが完新世という新しい時代に形成されたものではなく、更新世に作られた古いた砂州を土台あるいは骨格として、最終間氷期から現在までの十数万年以上の長い時間をかけて形成された地形であることを述べた。

　また、第4章で紹介した霞ヶ浦の湖棚は、かつて最終氷期にここを流れ下っていた鬼怒川が作った河岸段丘面が、湖岸付近の地下深度5 m前後に存在し、その上に重なるように完新世後半の海水準変動の影響を受けて、幅広い湖棚となったことを明らかにした。

　さらに、第7章で注目した網走川の鳥趾状三角州は、完新世後半の現在より湖水位が低い時期に作られた古い三角州を土台として、それを覆うように効率

126　第IV部　湖の生い立ち

よく多数のローブが伸長し、現在のような鳥趾状三角州となったことを示した。

　すなわち、海跡湖に特徴的な砂州、湖棚、三角州という地形は、それぞれ少なくとも最終間氷期に形成された更新世の砂州、最終氷期に形成された湖盆下に埋没している谷や河岸段丘、そして完新世後半の低海水準期に作られた古い三角州、これら過去に存在した地形に重なるようにして形成されたものである。したがって海跡湖の起源について、最初に紹介したように「完新世前半の海水準上昇に伴って形成された砂州が、内湾を閉塞して生まれた」というように単純に説明することはできない。

　以下、本章ではその海跡湖の起源と生い立ちについて、最終間氷期から順を追って述べたい。

2. 最終間氷期の砂州の存在

　すでに述べたように、サロマ湖では全長 25 km の砂州うち、中央の新湖口付近の約 3 km の区間を除く大部分が、標高 5 m 以上の高さがある。この部分では、現在より約 10 万年以上前の更新世に海岸に堆積した砂礫層が、厚さ数 m の砂丘砂に覆われている。標高 5 m 以下の新湖口付近でも、地下約 5 m より深い部分に、更新世の砂層・砂礫層が確認される（第 1 章、図 6・7）。

　海跡湖と外海とを隔てる砂州地形で、このように完新世の堆積物の下により古い更新世の堆積物が存在している例は、第 1 章で紹介した中海と美保湾とを隔てる弓ヶ浜砂州のほか、津軽平野北西端の十三湖と日本海を隔てる屏風山砂丘、八郎潟北西側の日本海と湖盆を隔てる潟西地区および南部の天王砂丘、下北半島南東岸の小川原湖と太平洋を隔てる天ケ森砂丘などで確認できる[3]。

　これらの更新世の堆積物は、いずれも現在より約 13 〜 12 万年前の最終間氷期の堆積物で、現在の地表下深度 10 m 付近に砂州状の高まりとして存在している。すなわち現在の砂州地形は、後氷期の海面上昇とともに、これらの古い砂州が作る地形の上に重なるように、上方に成長して形成されたものである。

　一方、上記のサロマ湖、中海、十三湖、八郎潟、小川原湖などの海跡湖の湖盆の周囲には、上記の砂州部分に存在する堆積物と同じ最終間氷期に堆積した地層からなる、標高 10 〜 50 m の海成段丘がみられる。その堆積物のうち、現

在の海跡湖の湖盆より海側の部分では、多くの場合、淘汰の良い細砂〜中砂で、逆に内陸側の堆積物は内湾や汽水域に棲む貝化石を含むシルト〜粘土層となっている。これらの地層の特徴から、上記の海跡湖およびその周辺地域では、最終間氷期にも海岸側に砂州地形が形成され、その内陸側に閉鎖的な内湾〜潟湖のような環境が作られたと推定される[4]。

すなわち、上記のようなある程度規模の大きい海跡湖では、かつて最終間氷期に存在していた古い海跡湖の地形が、現在の海跡湖の起源となっていると言えよう。

3. 湖盆の原型をなす最終氷期の谷

現在の霞ヶ浦の湖盆の原形は、最終氷期後半から約2万年前の最終氷期極相期にかけて、鬼怒川およびその支流が作った幅最大約8 kmの谷地形であることをすでに述べた（第4章、図8）。このほかの日本の主な海跡湖の湖盆も、霞ヶ浦と同じく最終氷期後半の海水準の低下に伴って、それ以前の低地を侵食して作られた谷地形を原形としている。その後、後氷期の海進に伴う海成堆積物と、流入する河川が運ぶ河成堆積物によって、それぞれの谷がしだいに埋積されてきた。したがって、現在の海跡湖の湖盆の形態（深さ、幅など）は、その原形となっている最終氷期後半の谷地形と、後氷期における谷の埋積状況の違いによって異なっている。

例えば小川原湖では、湖盆の原形をなす埋没谷は全体として幅2〜3 km、谷底が深度30〜70 mに達する大きくて深い谷地形である。現在は、この谷を埋めるように厚さ20〜25 mの粘土・シルト層が堆積しているが、まだ元の谷の約3分の2しか埋積されていない。そのため、小川原湖の最深部分は日本の海跡湖の中で最も深い水深26.5 mもあり、湖岸の湖棚崖から続く湖底斜面が顕著で、湖盆中央の平坦な湖底平原はあまり発達していない[5]。

これに対し、霞ヶ浦の湖盆の原形をなす埋没谷は、深度5 mと同15 m付近に幅広い2段の河岸段丘面が存在する浅くて幅の広い谷地形である。このうち浅い方の段丘面は、今から約3.5万年前に作られた地形面（立川Ⅰ面相当）で、深い方は約2.8万年前に作られた地形面（立川Ⅲ面相当）である（第4章、図8）。

128 第IV部 湖の生い立ち

八郎潟や山陰の中海・宍道湖でも、湖底下に埋没している最終氷期の谷の断面形を見ると、深度5〜20mに埋没した段丘面が大部分を占めている。そのため、いずれの湖でも湖底平原が広く発達し、最大水深は4〜7mと海跡湖の中では比較的浅くなっている。

すなわち、現在の海跡湖の湖盆形態は、最終氷期の海水準の低下に伴って形成された谷地形の、とくにその谷中にある約3万年前（立川期）に作られた河岸段丘面の広がりと深度の違いが大きく関係している。海水準が今より約50m低かったとされる立川期の海岸線と各湖盆との距離によって、例えば海岸線に近いところに位置した小川原湖の場合は埋没谷が深く、逆に海岸線から遠く離れた上流に位置した霞ヶ浦の場合は、全体が浅い埋没谷となっている[6]。

4. 後氷期の海水準変動と湖岸段丘・湖棚

霞ヶ浦をはじめ、日本各地の比較的大きな海跡湖では、湖盆の周囲に更新世段丘が広がり、その段丘崖と現在の湖岸線の間には標高約5m以下、幅数百mの湖岸低地が発達している。その湖岸低地は、概ね標高2〜5mと同1〜3mの2段の平坦面と、標高おおよそ1m以下の現成の砂浜・湖岸湿地の3種類の地形に区分できる（第5章、図4）。

このうち標高の高い湖岸段丘Iは、後氷期の海進最盛期直後(約6,000〜5,000年前)頃までに離水し、低い方の湖岸段丘IIは最終的に約1,000年前頃までに離水した地形と考えられる。

一方、湖岸沖合に認められる湖棚地形は、第4章や第5章で述べたように、水深の違いから2つのタイプに分けられる。そのうち浅い方の湖棚(上位面)は、水深0.5〜2.0m、幅200〜300mで現在の湖岸線に沿ってほぼ連続して見られ、深い方の湖棚（下位面）は水深1.5〜3.5mの上位面の沖合に部分的に認められる（第5章、表1）。浅い上位面は、現在の波浪や沿岸流によって形成されている現成の地形面で、深い下位面は、霞ヶ浦では約3,000年前に現在より2mほど海水準が低下した時期に作られた可能性を指摘した。そのほかの海跡湖での下位面の形成時期については、現段階で特定することは困難であるが、後氷期の海進最盛期以降の今から約4,500年前、同約2,500〜3,000年前、そして同

約300年前のいずれか、あるいはそれら複数の時期に形成されたものである[7]。

すなわち、現在の海跡湖の湖岸に特徴的な2段の湖岸段丘と2段の湖棚は、後氷期の海水準変動に伴って複数の時代に形成された地形が、一部侵食したりあるいは重なり合ったものと解釈できる。

5. 完新世後半に拡大した三角州

第7章5. で述べたように、網走湖に注ぐ網走川の三角州では、現在の湖岸の沖合の水深2.0〜2.5 mに、完新世後半のかつて湖水準が低い時期に作られた三角州が存在し、これを土台として現成の三角州が効率よくローブを発達させてきた。

このように、現成の三角州の下に古い時代の三角州と推定される地形が存在する例は、そのほかの日本の海跡湖でも確認できる。例えば小川原湖の南西部に注ぐ七戸川河口では、水深0.5 mの現成の三角州の頂置面に加えて、七戸川の旧河道の一部である花切川や、その南の砂土路川の河口沖合の水深1〜2 mに、それぞれ幅約500 m×長さ約350 m、幅約400 m×長さ約1,000 mの舌状に張り出した平坦面が認められる。これらの舌状の平坦面は、かつて湖水位が現在より低い時期に作られたかつての七戸川、砂土路川の古い三角州と推測されている[8]。

現在は第9章で述べたように、明治時代以降の各種の干拓事業、とくに第二次世界大戦以降の大規模干拓によって、海跡湖に注ぐ河川の三角州は人為的に大きく改変されている。そのため、多くの海跡湖で過去の三角州の詳細な地形を確認するのは困難であるが、網走湖や小川原湖の事例のように、他の海跡湖に注ぐ河川の三角州でも、過去の湖水準が低い時代に作られた地形が現成の三角州の発達に影響を与えた可能性が高い。

6. 氷期〜間氷期サイクルと海跡湖

　以上述べたように、日本におけるある程度規模の大きな海跡湖では、約13〜12万年前の最終間氷期にも、現在とほぼ同じ位置に砂州によって外海と隔てられた湖沼、すなわち更新世の海跡湖が存在した。その後、最終氷期の海水準低下に伴って、かつての湖に流入していた河川は干上がった湖底を侵食して谷地形を形成した。この谷地形が現在の海跡湖の湖盆の原形をなし、その形態が、現在の海跡湖の湖盆形態と深く関係している。

　後氷期になって、氷期に形成された谷は海進に伴って水没し、周囲は水域となった。その過程で、かつて最終間氷期に存在した砂州地形は、一部は侵食されたが、多くは地形的な高まりとして残されたと考えられる。後氷期の海進期には、その古い砂州地形を土台として、あるいはそれに付加するように完新世の砂州が発達し、現在の砂州地形が完成した。この間、湖盆低地では現成の砂浜・湿地のほかに、2段の湖岸段丘と幅広い湖棚地形が形成され、湖奥では、流入する河川が運んだ土砂によって三角州が発達した（図1）。

　今後、長い時間スケールで次の氷期に向かって海水準が低下していくとすれば、現在の湖盆は干上がりそこに谷地形が形成される。その谷は、現在の湖盆、および湖と外海とをつなぐ現在の湖口付近を中心に形成され、現在の砂州地形は一部侵食されるとしても、やはり大部分は地形的な高まりとして残される可能性が高い。そして氷期が終わって、次の間氷期に向かって海水準が上昇すると、氷期の谷を中心に閉鎖的な水域が出現し、最終的に新しい砂州がほぼ同じような場所に形成され、再び海跡湖が出現すると考えられる。

　すなわち、日本で見られるある程度規模の大きい海跡湖は、これまで一般に言われているように、後氷期の海進後に新たに生じた地形ではなく、第四紀末の約10万年周期の氷期〜間氷期サイクルに伴う海水準変動と連動して、間氷期には湖として存在し、次の間氷期までの間に侵食谷（＋段丘地形）、内湾、そして再び湖として再生するというダイナミックな変化をしてきた地形と言えよう。

　このように、海跡湖の起源とその後の地形変化を追ってみると、海跡湖の湖盆、砂州、湖岸低地におけるそれぞれの地形の形成過程では、それ以前に形成された地形の影響を大きく受けていることがわかる。

第10章　海跡湖の起源－海跡湖は、いつ生まれどのように変化してきたのか？　131

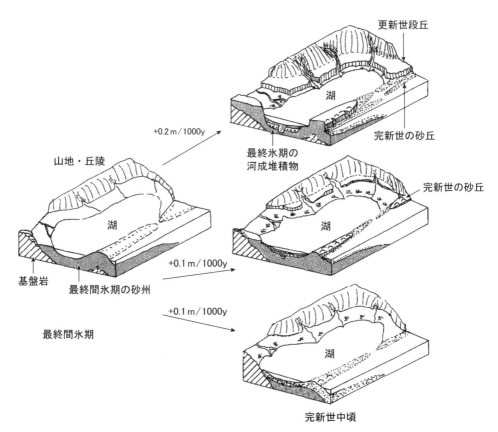

図1. 日本における海跡湖の地形発達の模式図（数値は、最終間氷期〜完新世中頃までの地殻変動の傾向とその変位速度）最終間氷期に砂州－湖という地形が形成され、その後最終氷期〜後氷期を経て、完新世中頃に古い砂州地形と重なるように再び砂州－湖という地形が形成された。古い砂州地形と完新世の砂州地形の重なり方は、それぞれの場所での地殻変動の違いによって異なる（平井、1994の図V-5を一部改変・加筆）。

　筆者はかつて、関東平野中央部における沖積低地の地形発達を論じた際に、沖積層堆積以前の地形に注目し、これを「前地形」と呼んだ。そして、その違いがその後の沖積低地の発達、すなわち沖積層の堆積環境に大きな影響を与え、現在の沖積低地の微地形の違いを生み出していることを明らかにした[9]。本章で述べた日本の海跡湖の起源とその後の地形変化においても、最終間氷期の砂

132　第Ⅳ部　湖の生い立ち

地形、最終氷期に形成された埋没谷、そして完新世後半の湖岸段丘・湖棚など、いずれもそれぞれ場所における前地形の影響を大きく受けてきたと言える[10]。

　現在の日本の海跡湖では、第3章、第6章、第9章でそれぞれ述べたように、砂州、湖岸低地、三角州のいずれにおいても人為的な地形改変が顕著で、多くの場所がコンクリートやその他の人工構築物で固定されてしまった。

　先に述べたように、今後長期的に氷期に向かって海水準が低下するとしても、海水準変動に伴う堆積物の移動や既存地形の侵食など、自然の外的営力による地形変化はもはや起こり得ない。この点については、第11章で人為的地形改変による湖沼環境への影響、すなわちヒューマンインパクトとして述べたい。

【注】

［1］小野有五（1981）「海跡湖」，町田貞ほか編『地形学辞典』二宮書店：p62.

［2］海津正倫（1994）『沖積低地の古環境学』古今書院：270p.

［3］平井幸弘（1994）「日本における海跡湖の地形発達」愛媛大学教育学部紀要Ⅲ 14（2）：p30.

［4］平井幸弘（1995）『湖の環境学』古今書院：121-124.

［5］平井幸弘（1995）『湖の環境学』古今書院：131-133.

［6］平井幸弘（1994）「日本における海跡湖の地形発達」愛媛大学教育学部紀要Ⅲ 14（2）：56-59.

［7］平井幸弘（1994）「日本における海跡湖の地形発達」愛媛大学教育学部紀要Ⅲ 14（2）：p49.

［8］平井幸弘（1983）「小川原湖の湖岸・浅湖底の微地形と完新世最大海進期以降の湖水準変動」東北地理 35-2：81-91.

［9］平井幸弘（1983）「関東平野中央部における沖積低地の地形発達」地理学評論 56：679-694.

［10］「前地形」に関連して，鈴木（1990）が，「任意の場所およびその周囲の既存地形の形態的特徴ならびにその既存地形に対するその場所の相対的位置」の総称として「地形場」（新称）を定義した．さらに鈴木（2017）は，「地形場とは，その場所で発生する地形過程を制約する初期条件（元の地形）の一つであり」，「任意地点での将来の地形変化は地形場に強く制約される」としている．本章で述べた「前地形」は，この「地形場」とほぼ同義であり，海跡湖の地形発達における「前地形」の重要性をあらためて確認することができる．

　　鈴木隆介（1990）「実体論的地形学の課題」地形 11：217-232.

　　鈴木隆介（2017）「地形場」，日本地形学連合編『地形の辞典』朝倉書店：571-572.

第11章

ヒューマンインパクト
－人為的地形改変による湖沼環境への影響

Key words：湖口の開削・締切り、湖岸の人工改変、三角州の都市化

1. 湖沼の環境問題と人為的地形改変

　1984年に滋賀県大津で開催された世界湖沼環境会議は、1986年からほぼ隔年で世界湖沼会議として開催され、日本および世界の湖沼が抱える様々な環境問題について討論されている。この会議での主なテーマは、2001年の第9回会議頃までは、湖沼における水質汚染や富栄養化問題が中心であった。それ以降は、これに加え淡水資源の保全、生態系の復元、そして湖沼の環境問題に関わる市民参加と環境教育、そして国際協力の重要性などが取り上げられた。

　その後さらに、湖沼環境と地球規模での気候変動との関係や、生物多様性の保全などが大きな課題となってきた。2011年の第14回会議頃からは、生態系サービスの保全や回復という主題が頻繁に取り上げられ、2018年筑波での第17回会議でのテーマは、「人と湖沼の共生－持続可能な生態系サービスを目指して－」であった[1]。

　現在の日本や世界の湖沼における環境問題を整理すると、まず人間活動による水質汚染（有害化学物質、富栄養化問題）、そして気候変動と淡水資源の確保、また湖沼生態系の保全・再生（外来種問題、水産資源の管理）など、湖沼に存在する水とそれをめぐる生態系、およびそれらと人間活動との関わりが問われている。しかし、この一連の議論の中で、水を湛える湖盆や生物の主な生息場となっている湖岸・沿岸帯の地形と湖沼環境との関連、とくに人為的な地形改変による湖沼環境への影響については、ほとんど議論されてこなかった。

　一方、地形学分野における湖沼地形についての研究は、湖盆の形成や変形など主に自然営力による地形発達に関するものが主であった。しかし、日本国内の海跡湖を訪ねてみると、例えば砂州での海岸侵食、湖岸の人工化による水生

134 　第IV部　湖の生い立ち

植物の激減・消滅、流入河川の三角州における新たな洪水災害など、多くの湖沼で深刻な環境問題に直面している。そしてこれらの問題の要因には、海跡湖の湖岸での各種の人為的な地形改変が深く関わっていることは明らかである。

　そこで本章では、砂州、湖岸低地、三角州それぞれの場所において、人が何の目的で、どのような時代背景あるいは社会的要請によって、地形をどのように改変し、その結果何が起こったのか、すなわち人為的な地形改変が海跡湖の環境に与えた影響について、地形学的視点から評価・検討したい。

2. 湖口の人為的地形改変

　砂州の地形改変でまず重要なのは、湖と海をつなぐ水路、すなわち湖口の人為的改変である。海跡湖の湖口は、自然状態では沿岸漂砂によって閉塞気味になったり、湖からの洪水流出や逆に海からの高潮・津波の来襲によって大きく開口したりした。しかし、近代に入るとそれぞれの湖での社会的要請に従って、既存の湖口を拡幅・掘削して護岸で固定したり、湖と海とをつなぐ新たな水路を開削したり、あるいは逆に海からの塩水の侵入防止のため湖口の締切りなどが行われた。

　かつてサロマ湖の湖口は東端の常呂町鐺沸にあったが、湖岸の畑地の浸水防止のため1929年に砂州中央付近に新湖口が開削された。その後、湖内でのホタテ養殖が発展し、1978年には養殖のための湖水の交換促進、および湖内とオホーツク海とを行き来する漁船の航路確保を目的として、砂州に新たに第2湖口が設けられた。

　新潟県佐渡島の加茂湖と両津湾とをつなぐ湖口でも、明治時代後半までは風浪によって湖口がたびたび閉じ、降雨・増水時には湖岸の耕地・宅地が浸水する状況であった。1897年の豪雨による大洪水をきっかけに、湖岸での洪水防止及び加茂湖を外海の漁船の船溜まりとして利用するため、1902〜07年に湖口の掘削が行われた。これによって加茂湖の水質は、海水に近い高鹹汽水となり湖内でカキが大量に繁殖し、その後加茂湖全域でのカキ養殖が始まった[2]。

　これらとは逆に、湖岸の農地の塩害防止や、湖水を淡水化して周辺の農業、工業、都市用水を確保するため、湖口を人為的に締め切った例も多い。例えば、

第 11 章　ヒューマンインパクト－人為的地形改変による湖沼環境への影響　　135

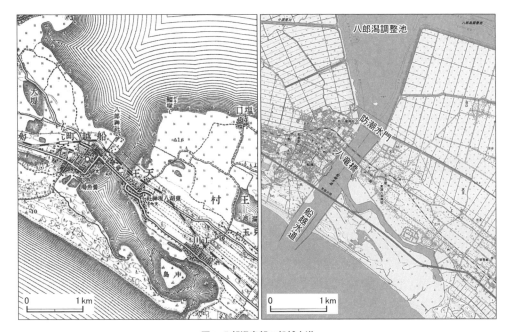

図 1. 八郎潟南部の船越水道
左：1912 年測図、1939 年修正、参謀本部 5 万分の 1 地形図「船川」、右：地理院地図に加筆。

　1957 〜 1964 年に国による大規模な干拓が行われた八郎潟では、もとの湖面の約 8 割が干拓され、残された水域は農業用水の水源池としての調整池となった。干拓以前の八郎潟と日本海とをつなぐ湖口（船越水道）は、浜堤・砂丘列を迂回するように南東方向に屈曲していた（図 1 左）。しかし、八郎潟干拓事業の一環として、増水時に八郎潟調整池から迅速に排水するため、まっすぐ海に注ぐ幅 400 m、長さ 2 km の排水路が開削され、同時に調整池側に防潮水門が設置された（図 1 右）。
　もともと海跡湖では、自然状態の湖口を通じて湖内に海水が流入し、湖水の塩分濃度は湖口付近で高く湖奥に向かって低く、また季節によって微妙に変化していた。そのため湖内には、それぞれの塩分濃度に対応した多様な生物が生息し、多種類の魚介類が漁獲対象となっていた。しかしここに述べたように、湖口の拡幅・開削によって湖内の塩分濃度が海水とほぼ同じになったサロマ湖

136　第IV部　湖の生い立ち

や加茂湖では、それぞれホタテやカキが有名であるように、ほぼ単一の水産資源の生産現場となっている。

これに対し、湖口の積極的な人為的改変が行われず、従来のように海水が出入りする汽水湖となっている北海道の網走湖、青森県の小川原湖や十三湖、島根県の宍道湖などでは、ワカサギ、シラウオ、シジミなど汽水域に生息する魚介類を特産とした内水面漁業が現在でも盛んである[3]。とくに小川原湖では、上記の魚介類のほか、コイ、フナ、ウグイ、オイカワ、ハゼ類など多様な魚種が漁獲されている。

3. 砂州での海岸侵食対策

海跡湖の湖盆と外海とを隔てる砂州では、近年の深刻な海岸侵食とその対応として、各種の土木構造物の設置が顕著である。砂州での海岸侵食の主な要因は、砂州を形成・維持していた砂の供給源である近隣河川での砂防堰堤やダム建設によって、海岸への砂の供給量が減少したこと、また海岸における護岸の設置や港湾建設によって、沿岸漂砂の移動が妨げられたことである。そのため現在では、海岸の侵食防止のため、砂州の海側に長大な突堤や巨大なコンクリートブロックを多数積み上げた離岸堤などの構造物が設置されている。

日本三景の1つである天橋立砂州は、そのような突堤と潜堤が作り出す人工的な景観となっている（第3章、図2）。砂州の水際は砂浜であるが、その砂は砂州の付け根に毎年人為的に投入される養浜事業によるものであり、全体として見れば天橋立砂州は人為的に改変・維持されている人工的な地形と言えよう。

また加茂湖のように、砂州上に広がった市街地での土地利用の高度化や港湾機能の拡張のため、砂州の海側に新たな埋立地が造成され、それらを取りかこむような長大な防波堤の建設も進んでいる（第3章、図5）。すなわち、いくつかの海跡湖の砂州の海側は、侵食防止と港湾としての機能拡充のため各種の構造物で固定され、砂州の水際ではもはや自然の営力による地形変化は起こらず、人工構造物によって固定された人工地形と位置付けられる。

4. 水生植物と沿岸漂砂の喪失

　第6章で述べたように、霞ヶ浦では1971年に始まった霞ヶ浦開発事業によって、当時の湖沼の水際線から沖合に約50 m 〜最大200 m、ちょうどヨシやガマなどの抽水植物群落地を取り込むように、平均湖水位より2.0 m 高い湖岸堤防が建設された。そして1996年の事業完成後の湖水位の人為的管理によって、残っていた水生植物群落地は急減した。開発事業開始直後の1972年と、事業完成後の2002年の水生植物群落地の面積を比較すると、抽水植物は38%、浮葉植物は25% に減少し、沈水植物は1993年にほぼ絶滅した[4]。

　中海では、1963年から国営中海土地改良事業が始まり、湖内5カ所の干拓地（一部埋立地）造成と灌漑用水確保のための淡水化事業が計画された。しかし、1970年以降の米の生産調整に伴う土地利用計画変更への批判、水質悪化の危惧、景観保全の要求の高まりなどによって、最大の干拓予定地だった本庄工区の干陸と、淡水化のための中浦水門締切直前の1988年に淡水化試行が延期となり、2002年に中海淡水化事業は正式に中止された[5]。

　しかし、完成した4カ所の干拓堤防や、米子空港の中海側への滑走路延長（1991-1996年）などによって、中海の湖岸全長105 km のうち84%が人工湖岸（水際がコンクリート護岸や矢板など人工構築物）で、4.0%が半自然湖岸（水際線は自然状態だが、その20 m 以内の陸域に人工構築物がある）となり、崖地ではない自然湖岸はわずか2.4% になっている[6]。かつて1950年代頃までの中海では、水深3 m より浅い部分が約2,000 ha も広がり、そのうち8割がアマモの繁茂する砂地であった（図2左）。しかし、現在ではそのような浅場は激減し、湖水の透明度もかつてのようには高くないため、水草や海藻が生育できる場所はほとんど残されていない[7]（図2右）。

　このような、霞ヶ浦や中海における湖沼全体を対象とした大規模な開発事業は、いずれも湖が持っている多様な価値を十分に考慮することなく、経済の高度成長を背景として、広大な土地や大量の淡水資源の確保を目的としたものであった。海跡湖の湖岸には幅広い湖棚や浅場が広がり、そこに豊かな水生植物群落が分布し、多様な魚介類が生息していた。かつて人々は、そのような多様な生物資源を持続的に利用してきたのである。

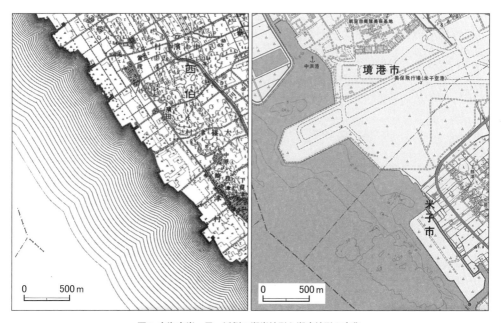

図 2. 中海東岸・弓ヶ浜側の湖岸地形と湖底地形の変化
左：1915 年測図、1917 年修正、国土地理院 2 万 5 千分の 1 地形図「揖屋」、右：地理院地図。

　例えば中海や宍道湖、霞ヶ浦のほか、八郎潟、涸沼、浜名湖など全国の海跡湖では、湖岸の浅場に繁茂するアマモ、マツモ、エビモなどの水草が大量に採取され、化学肥料が普及する以前の 1950 年代半ば頃まで、農地での貴重な肥料として加工され流通していた[8]。

　一方、水深 2〜3 m 以浅に広がる湖棚では、船溜まりの建設、航路の掘削・浚渫などによって、平坦・平滑な地形が分断・破壊され、沿岸漂砂による湖岸の浅場の維持は困難となっている。また湖底でも、かつて砂利採取や浚渫で掘削された凹地は、自然に埋積されることなく、現在でもそのままの状態で残されている。霞ヶ浦の土浦入り北岸や南岸の浮島沖などでは、水深 10 m 以上に達する砂利採取跡地が残され、そのような地点の近傍では湖棚地形が一部破壊されている（第 6 章、図 6）。また海水が流入する中海では、そのような浚渫窪地で硫化水素の発生が著しく、湖の水質や生態系に悪影響を及ぼしているとされる[9]。

第 11 章　ヒューマンインパクト－人為的地形改変による湖沼環境への影響　　139

すなわち、湖岸における人為的な地形改変によって、湖岸の浅場や湖棚という生物にとって重要な生息場所が失われ、湖の生態系全体への負のインパクトが極めて大きい。また、湖岸堤防の建設と人為的な湖水位の管理によって、波浪や沿岸流など自然営力による湖岸地形の維持・更新はほとんど行われなくなった[10]。

5. 治水事業と三角州の都市化

　1896 年の河川法の制定以降、国による治水事業が各地で始まり、海跡湖に注ぐ河川でも分岐した河道の一本化や拡幅、付け替え、三角州前縁での築堤などが行われた。第 7 章で取り上げた日本一の鳥趾状三角州が見られる網走川でも、1950 年代以降に治水事業が進み、その結果新旧の河道に沿って細長く伸びる多数のローブが発達したことを述べた（第 7 章、図 5）。

　第二次世界大戦後には、海跡湖に注ぐ河川の河口でも国や県による干拓事業が実施された。十三湖に注ぐ岩木川三角州での国営干拓事業（1961 年竣工）のほか、霞ヶ浦北西部の高浜入りに注ぐ恋瀬川河口の高浜三村干拓（1951 年竣工）、涸沼に注ぐ涸沼川河口の東永寺干拓（昭和 30 年代に竣工）と宮ケ崎干拓（1967 年竣工）[11] などである。

　これらの干拓前後の湖岸状況を、旧版地形図や明治前期の 2 万分の 1 フランス式彩色地図などで比べてみると、干拓以前の三角州の湖岸線は屈曲し、湖岸には泥地（湿地）と荒地（茅場）の記号が、沖合には水草の記号が記されている。すなわち、干拓以前の三角州とその周辺には、幅 100 ～ 200 m ほどのヨシ原が連続して広がっていたことが読み取れる。干拓後の水面と干拓地の間は、高さ約 1 m の直線状の干拓堤防が築かれ、ヨシ原の面影は失われた。

　このような干拓地は、もともと米の増産を目指した水田であったが、1970 年からの米の生産調整以降、都市近郊の干拓地の一部では、盛り土して住宅地などの都市的土地利用へと変化した。霞ヶ浦に注ぐ桜川河口では、かつて複数に分岐していた河道が 1 つにまとめられ、その北側に藤川干拓地（1949 年竣工）が造成され、その後この地を含む桜川左岸の三角州および干拓地は、一部盛り土されて住宅地に転用された（第 9 章、図 8）。

140　第Ⅳ部　湖の生い立ち

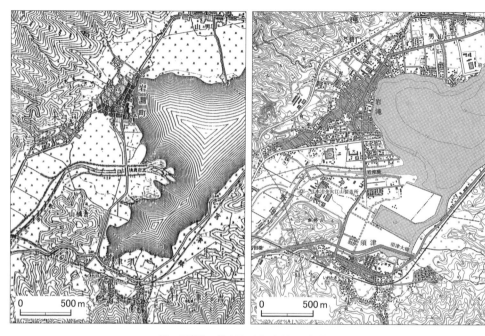

図 3. 阿蘇海に注ぐ野田川三角州での都市化
左：1932 年修正、参謀本部 5 万分の 1 地形図「宮津」、右：1985 年修正測量、国土地理院 2 万 5 千分の 1 地形図「宮津」。

　丹後半島南東の阿蘇海に注ぐ野田川三角州でも、干拓地から都市的土地利用への変化が著しい（図3）。1932年修正の地形図では、野田川は多くの分岐流路をもつ多島状三角州で[12]（図3左）で、その後河口左岸の一部が干拓された。1985年修正測量の地形図では、その干拓地を含む三角州左岸側で岩滝町の市街地が拡大し、河道沿いには中学校や工場も立地している。右岸側は、日本冶金大江山製造所の工場用地となり、さらにその沖合も埋め立てられ、三角州全体が急速に都市的土地利用に変化している（図3右）。

　このように、海跡湖に注ぐ河川の三角州では、1970年の米の生産調整開始まではもっぱら水田として利用された。しかしその後、近隣市街地の拡大や各地域での社会的要請によって、工場、港湾、空港[13]、公園[14]など都市的な土地利用が広がっている。その場合、護岸は元の干拓堤防よりさらに強固なものとなり、水際は湖水とコンクリートが直接接する無機的な景観となっている。

ここでも流入河川による土砂の運搬・堆積や沿岸漂砂による砂浜の形成など、自然営力による地形変化は起きない。

6. 人新世の地形学

　以上見てきたように、日本の海跡湖の砂州、湖岸低地、三角州では、主として高度経済成長期を経た1970年代以降に、様々な目的のため大規模な地形改変が行われた。その結果、本来汽水であった湖水が海水と同じ塩分濃度、あるいは淡水化され、湖における生物多様性に大きな影響を与えている。また砂州の海側は、侵食対策によって水際線が多数の構造物で固定され、もはや自然の営力による地形変化は起こらない。

　湖岸でも、人為的な地形改変によって、水生植物群落地が激減・消滅した。破壊された湖棚地形は、もはや波浪や沿岸流などの自然営力による地形の維持・更新が行われない。そして三角州では、過去約50年間に急速に都市的土地利用へと変化し、水際は湖水とコンクリートが直接接する無機的な景観となり、ここでもやはり自然営力による地形変化は起きなくなった。

　地形学の分野ではこれまで、例えば山腹斜面・渓流での砂防工事、河川流域での治水工事、海岸での侵食対策など、自然災害の防御を目的とした人工改変や人工地形についての研究が主な研究対象とされた[15]。しかし、2001年に刊行された『日本の地形1 総説』の巻末にある「人類の自然・地形への干渉」という項目では、「これまでのような自然が自然を変えてきた地質時代は終わり、地形史、自然史はまったく経験したことのない新しい時代に突入した」と結ばれている[16]。地質学・層序学の分野でも、近年の人類活動による地球環境の激変の時代を、地球史におけるあらたな時代：人新世（Anthoropocene）とし、その始まりを1950年頃とするという案が議論されている[17]。

　ここで注目された「人類活動の影響が大きい時代」という認識は、地質学・層序学分野にとどまらず、広く社会一般でも共有すべき概念と考える。地形学においても、旧来の自然営力よる地形の形成や変化、地形発達研究の延長として、人類活動が地形にどのように関わり、それが環境にどのように影響を与えてきたのか、科学的に評価する必要があろう。

142　第IV部　湖の生い立ち

　本章では、海跡湖の特徴的な地形に注目し、それらの人為的な地形改変が湖沼環境にどのような影響を与えたのかについて、その概要を述べた。今後はさらに、人為的な地形改変についての定量的な評価や、具体的なインパクトを可視化するような系統的な研究、すなわち「人新世の地形学」が必要と考える。

　とくに今世紀に入って、人類の諸活動によって劣化した生物多様性の保全や自然の再生が喫緊の課題となっている。また、近年の地球温暖化・海面上昇に伴う、洪水の激化や砂州の侵食・決壊の問題、そして日本近海での巨大海底地震による沿岸地域での津波災害など、海跡湖の砂州、湖岸、三角州に関わる重要な問題に向き合わなければならない。これらに適切に対処するには、海跡湖における人為的に改変された地形についての、的確な理解と評価が不可欠である。

　そこで次章では、海跡湖をめぐるこれらの諸課題について、今後どのように対応すべきかについて考えたい。

【注】

［1］平井幸弘（2019）「ラムサール条約登録をめざすベトナム中部タムジャンラグーン―持続可能な生態系サービスについて考える―」地理 64（3）：78-85.

［2］平井幸弘（1995）『湖の環境学』古今書院：94-105.

［3］魚種別・湖沼別漁獲量（2022 年度）で、ワカサギ、シラウオ、シジミそれぞれの上位 3 湖沼は、ワカサギ：小川原湖（32％），八郎潟（30％），網走湖（18％），シラウオ：小川原湖（47％），霞ヶ浦（44％），網走湖（4％），シジミ：宍道湖（57％），十三湖（18％），小川原湖（10％）となっている.
内水面漁業漁獲量 魚種別・湖沼別漁獲量. https://www.e-stat.go.jp/stat-search/file-download?statInfId=000031791482&fileKind=0（最終閲覧日：2024 年 11 月 10 日）.

［4］桜井善雄・国土交通省霞ヶ浦河川事務所（2004）『霞ヶ浦の水生植物 1972 ～ 1993 変遷の記録』信山社サイテック：307p.

［5］伊達善夫（2011）『宍道湖・中海の干拓淡水化事業を振り返って―淡水化が中止になったいきさつ―』ハーベスト出版：182p.

［6］　環境庁自然保護局編（1995）『日本の湖沼環境Ⅱ』自然環境研究センター：147p.

［7］國井秀伸（2006）「宍道湖・中海における自然再生事業の現状と課題」日本陸水学会講演要旨集 71：58.

［8］平塚純一・山室真澄・石飛 裕（2006）『里海モク採り物語― 50 年前の水面下の世界』生物研究所：141p.

第 11 章　ヒューマンインパクト－人為的地形改変による湖沼環境への影響　　143

[9] 山本民次・中原駿介・桑原智之・中本健二・斉藤 直・樋野和俊（2022）「中海浚渫窪地の硫化水素発生抑制における石炭灰造粒物の適正施工量」水環境学会誌 45（5）：207-221.

[10] 平井幸弘（2006）「霞ヶ浦の湖岸・沿岸帯における人為的要因による環境変化」第四紀研究 45：333-345.

[11] 阿須間幸男・堀江美紀・石井 亮・三浦啓吾・大嶋和雄（1998）「茨城県涸沼の環境資源」茨城大学地域総合研究所年報 31：1-21.

[12] 鈴木隆介（1998）『地形図読解入門 第 2 巻 低地』古今書：355-358.

[13] 宍道湖に注ぐ新川の河口三角州は、ジェット化で延長された出雲空港の滑走路の一部となっている（第 9 章の図 3 参照）.

[14] 宍道湖に注ぐ平田船川の河口左岸の干拓地は、宍道湖自然館ゴビウス（水族館）、宍道湖グリーンパーク（野鳥観察施設）、湖遊館（アイススケート場）などの施設が集まる公園になっている.

[15] 米倉伸之・貝塚爽平・野上道男編（2001）『日本の地形 1 総説』東大出版会：292-296.

[16] 米倉伸之・貝塚爽平・野上道男編（2001）『日本の地形 1 総説』東大出版会：p322.

[17] 2024 年 5 月 12 日付朝日新聞（朝刊）From The New York Times：Are We in the 'Anthoropocene,' the Human Age? Nope, Scientists Say. によると、2024 年 3 月の第四紀層序小委員会では、ひとまずこの案は否決された.

第12章

海跡湖の今後
－これから海跡湖とどう付き合うのか？

Key words：生物多様性の保全、海面上昇への対応、土地利用の再検討

1. 海跡湖における今後の課題

　日本の海跡湖では、第11章で述べたように1960年代の高度経済成長期を経て、主に1970年代以降、湖盆と海とを隔てる砂州、湖岸の低地および沿岸帯、そして湖奥の三角州、それぞれの場所で大規模な地形改変や水際の人工化が進んだ。その結果、本来は海水と淡水が混じり合う汽水域となっていた海跡湖は、一部は海水と同じ塩分濃度となり、一部では河口堰・防潮水門が設置され淡水湖となった。また湖岸堤防や干拓堤防の建設によって、湖岸の水生植物群落地は激減・消失し、同時に砂浜も急速に失われた。その結果、海跡湖における生物多様性は著しく劣化した。

　そのような状況の下、1992年に開催された国連環境開発会議（地球サミット）では、次に述べる「気候変動枠組条約」とともに「生物多様性条約」が採択され、生物多様性の保全と回復は地球規模で取り組むべき重要な課題となった。この条約の締約国会議（COP）は1994年から2年に1回開催されており、そのCOP10（2010年）では生物多様性の損失を止めるため2020年までの「愛知目標」が、そしてCOP15（2022年）では「昆明－モントリオール目標」が採択された。現在、世界各国各地で、人為によって劣化した生物多様性の保全や回復が強く求められている。

　一方、大気中の温室効果ガス濃度を安定化させ、地球温暖化を防止するための国際的な枠組みを定めた「気候変動枠組条約」のCOPは、1995年から毎年開催され、COP21（2015年）では2020年以降の温室効果ガス排出削減のための国際枠組みとして「パリ協定」が採択された。また、地球温暖化への対応として、温暖化の影響や被害を軽減するための適応策の重要性も強調された。海

跡湖およびその周辺地域でも、すでに地球温暖化・海面上昇によって、様々な影響や被害が発生しており、今後中・長期的にはそれらへの対応がますます重要となってくる。

そこで本章では、海跡湖をめぐるこれらの課題のうち、とくに生物多様性の保全・回復と地球温暖化・海面上昇への対応として、何が必要なのかについて考えたい。

2. 生物多様性の保全と湖岸の自然再生

1992年に採択された「生物多様性条約」を受けて、日本では1995年に「生物多様性国家戦略」、2002年に「新・生物多様性国家戦略」が策定され、2003年には「自然再生推進法」が施行された。この法律に基づき2024年3月現在、生物多様性の確保を目指した自然再生協議会が国内27カ所で組織されている。その対象は、湿地・湿原、湖沼のほか、里地・里山、草原、樹林地、珊瑚群集、干潟などで、そのうち4カ所が海跡湖（霞ヶ浦、北潟湖、三方五湖の一湖である久々子湖、中海）である[1]。これらの湖沼の湖岸に広がる水生植物群落地は、第4章で述べたように、水質の浄化や湖沼全体の生態系にとって非常に重要な存在であり、そのため湖沼における湖岸の自然再生は大きな意味がある。

以下、筆者が協議会の委員として参加している霞ヶ浦および中海での取り組みについて紹介しよう。霞ヶ浦では、土浦入り北岸の延長3.5 kmを対象とし、2004年に「霞ケ浦田崎・沖宿・戸崎地区自然再生協議会」が設立され、「多様な動植物が生育・生息し、里と湖の接点を形成する湖岸帯の保全・再生を図る」ことを全体目標とした。ここで「里と湖の接点」という表現は、「湖岸帯」は単に物理的な陸と水域との境界ではなく、住民や地域社会と湖とが関わり合う重要な場であるという認識が込められている[2]。2007年以降、かつての底泥浚渫土捨場を囲む矢板に開口部を設け、その内側にワンド状の浅い池を造成した（図1）。また、既存の湖岸堤防を一部開削し、その背後に新しく堤防を築いて浅水域や静水域を作り出した。これらの水辺では、ヨシやマコモのほかウキヤガラ、ミコシガヤ、ガマなどの水生植物が再生し、ワカサギほかの魚類や複数種の水鳥も確認された[3]。

図1. 霞ヶ浦土浦入りの北岸の自然再生地
2009年8月2日、筆者撮影。

　中海でも、2007年に「中海自然再生協議会」が設立され、「よみがえれ 豊かで遊べるきれいな中海」を標語として、浚渫窪地の修復による水質改善や、海藻類の刈り取り・回収による地域資源の循環利用（オゴノリング）など、地元の大学の研究者や地域住民を巻き込んで活発な取り組みが行われている[4]。このほか、上記の法律に基づく活動ではないが、八郎潟[5]や佐渡島の加茂湖[6]などでも、湖およびその周辺地域を対象とした多様な自然再生の取り組みが活発に行われている。

　一方、法律ができて約20年が経過し、初期の活動を担った関係者の引退や高齢化、新規参加者の確保などの問題も指摘されている。海跡湖では、主に1970年代以降の約50年間の様々な人為的な活動によって、生物多様性が大きく損なわれた。それを再び取り戻すには、やはり50年あるいはそれ以上の時間が必要なのであろう。今後も地道に、上記のような取り組みを継続することが求められる。

第 12 章 海跡湖の今後－これから海跡湖とどう付き合うのか？ 147

3. ラムサール条約への登録とワイズユース

　環境に関する国際条約の先駆けとされるラムサール条約（1971 年採択、1975 年発効）は、もともとは水鳥を食物連鎖の頂点とする湿地生態系を守るための条約であった。しかし、1980 年から始まった 3 年ごとの締約国会議（COP）を経て、COP7（1999 年）頃までには、水鳥だけでなくより広く生物多様性の保全、また湿地だけでなく集水域全体を含めた流域管理を目指すようになった。

　現在ではさらに気候変動や防災とも関連し、持続的な社会の発展を達成するためより包括的な生物多様性・生態系の保全を目的としている。そのため、地域の住民や一般市民と協働して、それぞれの地域資源のワイズユースや人々の交流・学習を目指している。日本では、1980 年に釧路湿原を最初の条約登録湿地とし、それ以降 2024 年 6 月までに国内 53 カ所がラムサール条約登録湿地となっている[7]。

　この 53 カ所には 19 の湖沼が含まれ、そのうち 9 つが海跡湖（北海道のクッチャロ湖、濤沸湖、風蓮湖・春国岱、厚岸湖、ウトナイ湖と、北関東の涸沼、久々子湖、山陰の中海、宍道湖）である。それぞれの湖沼では、ラムサール条約の 3 つの大きな柱である生態系の保全・再生、そこから得られる恵みの持続的利用（ワイズユース）、および交流・学習（CEPA：Communication, Capacity building, Education, Participation and Awareness）を目指した様々な取り組みが行われている。

　例えば茨城県の涸沼では、第 11 章 5. でも述べたように主に 1960 年代以降の干拓事業によって、かつて湖岸に連続していた豊かなヨシ原の大部分が失われた。そのような状況のもと、北岸に残ったヨシ原で 1971 年に新種のトンボが発見され、ヒヌマイトトンボ（茨城町天然記念物、環境省の絶滅危惧 I B 類）と名付けられた。ヒヌマイトトンボは、他のトンボ類が生息できないような塩分濃度の高い汽水域のヨシ原で、生き残ってきたと考えられている[8]。そこで茨城町では、2004 年からヒヌマイトトンボの生息域となるようなヨシ原の再生を湖岸 4 カ所で進めてきた。

　そして 2015 年に涸沼がラムサール条約に登録されたのを機に、流域の 3 市町（茨城町、鉾田市、大洗町）を中心に「ラムサール条約登録湿地ひぬまの会」

が設立され、関連資料の発行やネイチャーガイドの養成、環境学習の実施などが進められている[9]。2024年11月には、涸沼北岸と南岸に、「涸沼水鳥・湿地センター」の展示施設と観察棟が開館した[10]。

　一方涸沼は、宍道湖、十三湖、小川原湖に次いでシジミの漁獲量が全国4位（2022年）であり、この資源を持続的に利用できるよう、大涸沼漁業協同組合では、操業できる組合員数や1人当たりの操業時間および採取量を制限し、採取可能なシジミを12 mm以上とするなど、細かい資源管理を実施している[11]。また、涸沼で古来から行われてきた、竹筒や笹を使ってウナギを捕る「たかっぽ漁」、小エビや小魚を捕る「笹浸し漁」と呼ばれる伝統漁法の体験や漁具の保存など、地域資源のワイズユースに向けての取り組みも行われている。

4. 地球温暖化・海面上昇への対応

　海跡湖では、湖口が人工的に締め切られてなければ、湖水位は海水位の変動と連動して変化する。そのため、地球温暖化に伴って今後海面上昇が進むと、海跡湖では次のような物理・化学的、生物学的、また社会的な様々な影響が及ぶと考えられる。すなわち、①海面上昇による砂州の侵食や決壊、②洪水や内水氾濫による湖岸および三角州（干拓地を含む）での浸水、③高潮・津波による砂州および湖岸での被害の増大、④湖水への塩水侵入による水質悪化、そして⑤これらに伴う湖および周辺域での生態系への影響、さらに⑥地域の観光や産業、インフラへの影響などである[12]。以下では、このうち砂州決壊の可能性、津波災害の増大、および湖水への塩水侵入による水質悪化の3点について、その現状と今後の対応について述べたい。

・砂州決壊の可能性

　阿蘇海と宮津湾を隔てる天橋立砂州は、1960年代半ば以降の海岸侵食によって砂州全体が急速に痩せ細り、現在は養浜や突堤・潜堤の建設など工学的対策によってかろうじて砂浜が維持されている（第3章、図2）。今後の海面上昇によって、砂州での海岸侵食はさらに激化し、また砂州の地下水位の上昇や淡水レンズの縮小が進み、砂州上のクロマツを主とする樹林への影響が懸念される。

第 12 章　海跡湖の今後－これから海跡湖とどう付き合うのか？　　149

図 2. 砂州決壊地点での家屋の被害
2000 年 3 月 9 日、筆者撮影。

　日本の海跡湖では、今のところ海岸侵食による砂州の決壊という事態は発生していない。しかし、ベトナム中部のタムジャンラグーン（面積 249 km^2、サロマ湖の約 1.6 倍）では、1999 年 11 月の大洪水時に南シナ海（東海）とラグーンをへだてる砂州が複数地点で決壊し、その周辺では家屋の流出や倒壊、多数の死傷者の発生など大きな被害が生じた（図2）。この砂州決壊の要因として、約 1 週間に 2,000 mm を超える記録的な豪雨に加え、既存の 2 つの湖口での排水が追いつかず、砂州の低い部分を湖水が乗り越えて海側に流出したためと考えられている。しかし、1960 年代から砂州での海岸侵食が進行し、場所によって砂州の幅がそれ以前に比べて 100 〜 200 m 狭くなっていたことも、決壊の重要な要因の 1 つと指摘されている[13]。このような事例を踏まえると、今後日本でも、短期間での大雨や砂州での海岸侵食の進行によって、標高が低く幅が狭い地点での砂州決壊の可能性が十分考えられる。

150　第IV部　湖の生い立ち

・津波による被害の増大

　浜名湖の現在の湖口「今切口」は、1496年の明応の地震・津波あるいはその前後の洪水によって、それ以前の砂州が決壊して生じた地形であることはすでに述べた（第3章、図3）。一方、佐渡島の加茂湖の砂州（第3章、図5）では、1964年の新潟地震で発生した津波によって、当時防波堤で囲まれた夷地区の漁港内部での津波波高が3mを超え、床上浸水家屋が発生した。また、砂州中央の加茂湖に通ずる水路では、両護岸が崩壊し加茂湖の湖畔の一部でも湖水が溢れた[14]。

　また、福島県相馬市の松川浦では、2011年3月の東日本太平洋沖地震で波高9.3mの津波が押し寄せ、太平洋と湖とを隔てる砂州のうち、幅が狭く防潮林も発達していなかった北側の延長約200mの区間で砂州が決壊した。そのため、周辺の海岸保全施設や湖内のアオノリは壊滅的な被害を受け、生態系にも大きな影響が及んだ[15]。

　日本の海岸線のうち、北海道東南部から東日本・西日本の太平洋沿岸、そして北海道道南と東北地方の日本海沿岸では、プレート境界で発生する海溝型地震に伴って、過去に繰り返し津波被害を受けてきた。海跡湖の砂州は、このような津波を直接受け止めるため、海面上昇が進むと、砂州および湖内での津波被害が増大することが懸念される。とくに、今後の地震発生確率が高いとされる千島海溝根室沖〜十勝沖に接する北海道の火散布沼や厚岸湖、また南海トラフに面する浜名湖や、海跡湖ではないが高知県浦戸湾の種崎砂州などでは、砂州や湖岸での浸水だけでなく、砂州の決壊といった大規模な地形変化も想定しておくことが必要であろう。

・湖水への塩水侵入による水質悪化

　国内の複数の海跡湖では、近年湖内に流入する海水の量や頻度が増加し、湖水の塩分濃度の増大によって水質悪化など様々な問題が顕在化している。

　青森県の小川原湖では、太平洋と繋がる高瀬川を介して海水が湖内に流入しており、湖東部の最深部（−26.5m）を中心に塩分の高い層が存在する。この下層の湖水は、溶け込んでいる酸素量が極端に少ない貧酸素〜無酸素状態にある。近年、この高塩分の下層と上層の淡水との境界面（塩分躍層）が上昇して

いる。観測によると 1999 ～ 2009 年にかけて、塩分躍層の位置が － 20 m から － 14 m へと約 6 m 上昇し、これによって下層より上層への栄養塩の輸送が増大して、上層でのプランクトンの増殖、アオコの大発生の要因となっている可能性が指摘されている[16]。また近年、小川原湖特産のシジミの斃死が目立っているが、その要因として湖水の溶存酸素量の低下や夏季の高水温の影響が挙げられている[17]。さらに、湖奥の 4 地区の水田では、2023 年 12 月以降小川原湖から取水している灌漑用水の塩分濃度が基準を上回り、イネの生育障害が発生した。住民にとって初めての経験とのことである[18]。

　このような塩分躍層の上昇や表層の塩分濃度の増加の背景として、降水・降雪量の変化や湖内に流入する海水量の増加など、地球温暖化・海面上昇の影響がすでに現れているのではないかと危惧される。今後は、水産資源の保護や湖岸での農業用水の利用においても、この点を十分考慮しなければならない。

5. 海跡湖の地形特性を活かす

　本章では、海跡湖における今後の課題について、とくに湖岸における生物多様性の保全・回復、地球温暖化・海面上昇による砂州の決壊と津波被害の増大、そして湖水への塩水侵入に伴う水質悪化について、その現状と将来について述べた。

　このような課題に対し、まずは人工化された湖岸地帯において、従来の砂浜や水生植物群落地などに再生する取り組みを、地域の住民を主体に息長く継続することが肝要であろう。そのためには、これまでほとんど注目されてこなかった海跡湖の湖岸の現状と、近年始まった自然再生について、より多くの市民に関心を持ってもらうことが必要である。

　現在国内の多くの海跡湖の湖岸は、堤防やコンクリート護岸で囲まれているが、皮肉なことに近年その湖岸堤防を利用したサイクリングコースの設定やサイクルツーリズムが、各地の湖沼で盛んに進められている。霞ヶ浦でも湖岸を一周する堤防上の道路が、「つくば霞ヶ浦りんりんロード」としてナショナルサイクルルートに指定されており、涸沼でも北岸に自転車専用の「涸沼サイクリングロード」が整備されている。これらが活用され、広く一般市民が湖岸の

152　第IV部　湖の生い立ち

環境に興味・関心を持つことが期待される。

　一方中期的には、今後の地球温暖化・海面上昇の影響を適切に評価し、砂州
での海岸侵食や津波災害への対応が急務である。また、現在の湖岸堤防や船溜
まり、各種用水の取水・排水施設などは、将来の海面・湖水面の上昇は考慮さ
れていない。今後、上昇する海水位・湖水位に対して、湖岸の施設や住居地を
守るために、具体的にどのような対応が可能なのか検討しなければならない。

　その際、場所によっては、従来のように人工的な構造物を用いて、現状の施
設や住居地をひたすら防御するのでなく、そこでの高度な土地利用を一部制限
し、人間活動は撤退するという考え方もありえる。すなわち、湖水位の上昇に
対して、これまでの人間の様々な利用目的に合わせて行われてきた大規模な地
形改変や施設配置について、抜本的な見直しが必要であろう。

　さらに長期的な時間スケールで見れば、第10章で述べたように、海跡湖と
いう地形は過去の約10万年周期の海水面の変動に連動して、現在のように間
氷期には湖として存在し、氷期には現在の湖盆を中心に深さ数十mの侵食谷
となり、次の間氷期に至る間は内湾という状態を繰り返してきた動的な地形で
ある。したがって、現在の地球温暖化による海面上昇も含めて、氷期〜間氷期
サイクルという数千年〜数万年の時間スケールで考えれば、海跡湖の砂州、湖
岸、三角州それぞれにおいて、自然の営力による地形変化が自律的に進行する
よう、これまで実施された大規模な地形改変や構造物を見直し、「海跡湖をもっ
と自由に[19]」と願いたい。

【注】

[1] 環境省HP「自然再生協議会の取り組み状況」https://www.env.go.jp/nature/saisei/kyougi/
　　index.html（最終閲覧日：2024年11月10日）.

[2] 平井幸弘（2005）「霞ヶ浦の湖岸・沿岸帯における「自然再生事業」」水資源・環境研究
　　18：83-88.

[3] 平井幸弘（2009）「霞ヶ浦における湖岸の自然再生への取り組み」霞ヶ浦研究会報12：
　　8-17.

[4] 斉藤 直・桑原智之・相崎守弘・徳岡隆夫（2014）「中海自然再生協議会の取り組み：豊
　　かで遊べるきれいな中海を目指して」土木学会論文集B3（海洋開発）70 (2)：Ⅰ：1128-
　　1133.

第 12 章　海跡湖の今後－これから海跡湖とどう付き合うのか?　153

[5] 谷口吉光・石川久悦 (2015)「住民と行政の協働による八郎湖の湖岸植生再生の試み －「八郎太郎プロジェクト」の事例－」八郎潟流域管理研究 3：73-80.

[6] 高田知紀 (2014)『自然再生と社会的合意形成』東信堂：248p.

[7] 環境省 HP「ラムサール条約と条約湿地」https://www.env.go.jp/nature/ramsar/conv/RamsarSites_in_Japan.html（最終閲覧日：2024 年 11 月 10 日）.

[8] ラムサール条約登録湿地ひぬまの会 HP「ヒヌマイトトンボ」https://www.hinuma.ibaraki.jp/nature/mortonagrion-hirosei/（最終閲覧日：2024 年 11 月 10 日）.

[9] 茨城町生活経済部みどり環境課編 (2023)『茨城町 第 2 次環境基本計画』茨城町：250p + 資料 16p.

[10] 環境省関東地方環境事務所 HP「涸沼水鳥・湿地センター整備概要」https://kanto.env.go.jp/content/000261739.pdf（最終閲覧日：2024 年 11 月 23 日）.

[11] 大涸沼漁業協同組合 HP「涸沼とシジミ漁, そしてこれから」https://oohinumagyokyo.jp/（最終閲覧日：2024 年 11 月 10 日）.

[12] 三村信男・原沢英夫編 (2000)『海面上昇データブック 2000』国立環境研究所 地球環境研究センター：128p.

[13] 平井幸弘 (2001)「1999 年ベトナム中部洪水災害」地理 46 (2)：94-102.

[14] 相田 勇・梶浦欣二郎・羽鳥徳太郎・桃井高夫 (1964)「1964 年 6 月 16 日新潟地震にともなう津波の調査」地震研究所彙報 42：741-780.

[15] 日高正康・涌井邦浩・神山享一・鷹崎和義・西隆一郎・山下 善・林健太郎 (2012)「福島県松川浦の東日本大震災前後での底質・地形変化」土木学会論文集 B3(海洋開発)68(2)：I_186-I_191.

[16] 小泉祐二・藤原広和・松尾悠佑・沼山天馬 (2014)「近年の小川原湖における水質変化の特徴」土木学会論文集 B1（水工学）70 (4)：I_1579-I_1584.

[17] 青森県産業技術センター 内水面研究所 (2023)「小川原湖のヤマトシジミ斃死要因解明に向けて」内水面研究所だより 37：4p.

[18] 2024 年 8 月 3 日付 東奥日報記事「イネ生育障害 塩害か」https://www.toonippo.co.jp/articles/-/1831141（最終閲覧日：2024 年 11 月 10 日）.

[19] 高橋 裕 (1998)『河川にもっと自由を』山海堂：224p. 河川工学者である著者は, 本書の中で「河川は時々大洪水や渇水を発生するのが本性で, 時々は窮屈な河道内にいたたまれず自由に氾濫したい」ので, 今後の治水対策として「土地利用規制, 危険情報提供などのソフト対応を治水施設と併用して対処すべき」で,「今まであまりにも川の流れを束縛した返礼として, "川にもっと自由を" と唱えたい」と綴っている. 筆者の「海跡湖をもっと自由に」というのも, これと通ずる思いである.

おわりに

　筆者が、日本の海跡湖を研究対象とするようになったきっかけは、大学院に進学した 1980 年に当時早稲田大学教育学部の大矢雅彦先生の小川原湖巡検に同行したことであった。その頃の小川原湖は、ほとんどの湖岸にはまだ堤防がなく、ヨシ原が連なり砂浜が続いていた。東岸の小さな宿で目覚めた朝、ヨシ原でさえずる野鳥の声を耳にしながら、湖面に浮かぶシジミ掻きの小舟をスケッチした。

　その後、大矢先生ほかの方々とともに小川原湖、網走湖、霞ヶ浦・北浦それぞれの湖で、そこに注ぐ河川と湖沼を対象とした一連の「水害地形分類図」[1] の作成を通して、日本各地の海跡湖において、水害だけでなく水質汚染や湖岸堤防建設に伴う水生植物の消失など、湖沼をめぐるさまざまな環境問題が起こっていることを学んだ。それらの体験と知見を踏まえ、1995 年に初めての単著となった『湖の環境学』[2] を出版し、日本の海跡湖が直面している深刻な環境問題について論じた。

　その後、1993 〜 2002 年にタイ南部のソンクラー湖、2000 〜 2004 年にベトナム中部のタムジャンラグーンを対象として、それぞれの湖における「海面上昇の影響評価のための地形分類図」[3] を作成した。そして、「自然再生推進法」が成立した 2003 年の翌年、霞ヶ浦での自然再生協議会の発足とともに専門委員として協議会に参加し、その後中海の自然再生協議会にも関わってきた。

　このように日本とアジアの海跡湖をめぐり、地形研究をベースとしてそれぞれの湖沼における様々な環境問題に取り組んできたが、2020 年に NHK の TV 番組「ブラタモリ」の担当者から、「なぜサロマ湖の砂州は日本一細長いのか？」という取材を受けた。しかしその時すぐに、担当者にわかりやすい言葉でうまく答えることができなかった。これをきっかけに、これまで筆者が公表してきた湖の地形に関する論文や地形分類図の内容を、一般の方々にわかりやすく伝えることも重要で意義深いことと、改めて気づかされた。そこで、これまで筆者が調査・研究してきた湖沼の地形と環境問題について、一般の方々にも知ってもらえるような本を作ろうと考え、この『湖の地形学』を企画・出版することとなった。

おわりに　155

　日本にある湖沼の面積上位50湖沼のうち、31が海跡湖である。それら海跡湖は、従来言われていたような「かつての内湾にできた閉鎖的な水域の埋め残し」ではなく、第四紀末の約10万年を周期とする氷期〜間氷期サイクルに伴う海水準変動と連動して、間氷期には湖として存在し、次の間氷期までの間に侵食谷、内湾、そして再び湖として再生するというダイナミックな変化をしてきた存在である。

　一方、海跡湖と人との関わりとの視点からみると、1960年代の高度経済成長期を経てとくに1970年代以降、湖を対象とした総合開発や都市的土地利用の進展によって、湖と海とを隔てる砂州、湖岸の低地および沿岸帯、そして湖奥の三角州、それぞれの場所で大規模な地形の改変や水際の人工化が進んだ。その結果、海跡湖の環境は大きく変化し、湖岸の水生植物群落地は激減・消失、同時にかつて湖水浴を楽しんだ砂浜も急速に失われた。

　その後2000年頃から、人類活動による地球環境への深刻な影響を背景として、人との関わりで維持されてきた自然の再生や、失われた人と湖とのつながりの回復などの取り組みが各地の湖で始まった。しかしその一方で、今後の地球温暖化・海面上昇による砂州の侵食、湖岸やデルタにおける洪水・浸水など、海跡湖周辺の人々の暮らしや生業に対して、甚大な影響が懸念される。

　これらについては、これまでの人間による開発・利用、地形改変などについて抜本的な見直しを含めた中・長期的な対応が必要である。なお、本書第12章の「これから海跡湖とどう付き合うのか？」については、現在まさに進行形の問題である。今後さらに調査・研究を続け、機会があればそれらをまとめて、あらためて一般の方々にも問いかけてみたい。

　本書各章のうち、第1、2、4、7章は、以下のように雑誌「地理」（古今書院）の各号に執筆した記事をもとに、本書に合わせて加筆修正した。その他の章は、今回新たに書き下ろした。

　　第1章：「サロマ湖の砂州は、なぜ日本一長いのか？」地理66（9）、76-83
　　　　　（2021）.
　　第2章：「サロマ湖の砂州に付されたアイヌ語地名を読み解く」地理67（1）、
　　　　　103-111（2022）.
　　第4章：「霞ヶ浦には、なぜ多くの湖水浴場があったのか？－日本一幅広い
　　　　　湖棚のひみつ－」地理69（4）、104-111（2024）.

第 7 章:「網走湖にはなぜ、日本一の鳥趾状三角州があるのか?」地理 67 (9)、88 -96 (2022).

　最後になりましたが、古今書院編集部の福地慶大氏には、原稿の取りまとめおよび出版に関し、忙しい中細かいところまで気を配っていただき大変お世話になりました。この紙面を借りて、厚くお礼申し上げます。なお本書の出版にあたっては、筆者の勤務先である駒澤大学より「令和 6 年度駒澤大学特別研究出版助成」を受けた。ここにあらためて感謝いたします。

【注】

[1] 大矢雅彦・杉浦成子・平井幸弘（1982）「小川原湖周辺地形分類図」建設省東北地方建設局高瀬川総合開発工事事務所.

　大矢雅彦・海津正倫・春山成子・平井幸弘（1984）「網走川水害地形分類図」北海道開発局網走開発建設部.

　大矢雅彦・海津正倫・春山成子・平井幸弘（1985）「常呂川水害地形分類図」北海道開発局網走開発建設部.

　大矢雅彦・加藤泰彦・春山成子・平井幸弘・小林公治・井上洋一・忍澤成視（1986）「霞ヶ浦・北浦周辺地形分類図」建設省関東地方建設局霞ヶ浦工事事務所.

[2] 平井幸弘（1995）『湖の環境学』古今書院：186p.

[3] Yukihiro HIRAI and Charchai Tanavud（2002）「A Geomorphological Survey Map of the Songkhla Lake Basin Showing Impacts of Sea-level Rise on Coastal Areas」専修大学文学部環境地理学.

　Yukihiro HIRAI , Nguyen Van LAP and Ta Thi Kim OANH（2004）「A Geomorphological Survey Map of Hue Lagoon Area in the Middle Vietnam Showing Impacts of Sea-level Rise」専修大学文学部環境地理学.

小川原湖東岸の野口貝塚近くの宿にて（筆者作）

2025 年 1 月 30 日
平井幸弘

索 引

【湖沼名索引】

ア行

秋元湖 ・・・・・・・・・・・・・・・・・・・・・ 93
阿蘇海 ・・・・・・・・・・・・・・ 26-27, 140
厚岸湖 ・・・・・・・・・・・・・・・・・・ 147
網走湖 ・・・・・・・・・・・ 81-91, 98-99
入江内湖 ・・・・・・・・・・・・・・・・・114
印旛沼 ・・・・・・・・・・・・・・・ 64, 114
ウトナイ湖・・・・・・・・・・・・・・・・ 147
小川原湖 ・・・・・ 55-57, 126-129, 150-151
小野川湖 ・・・・・・・・・・・・・・・・・ 93

カ行

霞ヶ浦 ・・・・ 41-51, 53-62, 64-74, 116-118,
　　　　　145-146
河北潟 ・・・・・・・・・・・・・ 64, 108, 114
加茂湖 ・・・・・・・・・・・ 31-32, 134, 150
北浦 ・・・・・・・・・・・・・・・ 45, 60, 74
北潟湖 ・・・・・・・・・・・・・・・ 74, 145
久々子湖 ・・・・・・・・・・・・・・ 145, 147
倶多楽湖 ・・・・・・・・・・・・・・・・・ 93
クッチャロ湖・・・・・・・・・・・・・・・ 147
五色沼 ・・・・・・・・・・・・・・・・・・ 93

サ行

サロマ湖 ・・・・・・・・・・・ 4-12, 15-24, 55
十三湖 ・・・・・・・・ 77, 99-100, 126, 136
小中の湖 ・・・・・・・・・・・・・・・・・114
神西湖 ・・・・・・・・・・・・・・・・・ 109
宍道湖 ・・・・・・・・・・・・・・・ 109-111
ソンクラー湖（タイ）・・・・・・・・・・ 76

タ行

大中の湖 ・・・・・・・・・・・・・・・・・114
タムジャンラグーン（ベトナム）・・・ 149
長節湖 ・・・・・・・・・・・・・・・・・・ 81
津田内湖 ・・・・・・・・・・・・・・・・・114
手賀沼 ・・・・・・・・・・・・・・・・・・ 74
東郷池 ・・・・・・・・・・・・・・・・・・ 74
濤沸湖 ・・・・・・・・・・・・・・・ 35, 147

ナ行

中海 ・・・・・・・・ 33, 111-112, 137-138, 146
能取湖 ・・・・・・・・・・・・・・・・・・ 61

ハ行

八郎潟 ・・・・・・・ 76-77, 101-103, 114, 135
浜名湖 ・・・・・・・・・・・・・・ 29-30, 150
火散布沼 ・・・・・・・・・・・・・・・・ 150
涸沼 ・・・・・・・・・・ 104-105, 147-148, 151
桧原湖 ・・・・・・・・・・・・・・・・・・ 93
琵琶湖 ・・・・・・・・・・・・・ 93-97, 114
風蓮湖 ・・・・・・・・・・・・・・・・・ 147
福島潟 ・・・・・・・・・・・・・・・・・・ 77
富士五湖 ・・・・・・・・・・・・・・ 62, 93
ポロト湖 ・・・・・・・・・・・・・・・・・ 16

マ行

摩周湖 ・・・・・・・・・・・・・・・・・・ 93
松川浦 ・・・・・・・・・・・・・・・・・ 150
三方五湖 ・・・・・・・・・・・・・・ 74, 145

ヤ行

湧洞沼 ・・・・・・・・・・・・・・・・・・ 81

【事項索引】

ア行

愛知目標 ・・・・・・・・・・・・・・・ 144
アイヌ語地名・・・・・・・・・・ 15-24, 82-85
アオコ ・・・・・・・・・・・・・・・・・ 151
アオノリ ・・・・・・・・・・・・・・・ 150
安芸厳島 ・・・・・・・・・・・・・・・ 26
アサザ ・・・・・・・・・・・ 45, 66, 70, 72
浅場造成 ・・・・・・・・・・・・・・・ 70
アサリ ・・・・・・・・・・・・・・・・・ 57
天橋立 ・・・・・・・・・・・・ 26-28, 136
アマモ ・・・・・・・・・・・・・・ 137-138
磯清水 ・・・・・・・・・・・・・・・・・ 7
今切口 ・・・・・・・・・・・・・ 30, 150
埋立地 ・・・・・・・・・・・・・ 32, 65-66
浮島 ・・・・・・・・・・・・・ 41-42, 46
ウポポイ ・・・・・・・・・・・・・・・・ 16
駅逓所 ・・・・・・・・・・・・ 6, 8-9, 20
沿岸漂砂 ・・・・・・・ 22, 28, 32, 72, 136
円弧状三角州・・・・・・・・・ 93, 95, 99
塩分躍層 ・・・・・・・・・・・・・ 150-151
陸平貝塚 ・・・・・・・・・・・・・・・ 56
オゴノリング・・・・・・・・・・・・・・ 146
オホーツク海・・・・・・・・・・・・・ 4-9, 17

カ行

皆生海岸 ・・・・・・・・・・・・・・ 33-34
海溝型地震・・・・・・・・・・・・・・ 150
海水性地殻均衡・・・・・・・・・・・・ 49
海面上昇 ・・・・・・・・・・・・・ 142, 148
外来種 ・・・・・・・・・・・・・・・・・ 133
河岸段丘 ・・・・・・・・ 11, 50-51, 125-127
霞ヶ浦開発事業・・・・・・・・ 45, 66-68, 73
化石地形 ・・・・・・・・・・・・・・・ 120
河川法 ・・・・・・・・・・・・・・・・・ 139
ガマ ・・・・・・・・・・・・・ 45, 137, 145
川違え ・・・・・・・・・・・・・・ 108-113

サ行

干拓事業 ・・・・・・・・・ 64, 99-101, 114
鉄穴流し ・・・・・・・・・・・・・ 33, 109
気候変動枠組条約 ・・・・・・・・・・・ 144
基底礫層 ・・・・・・・・・・・・・・・・ 50
クロマツ ・・・・・・・・・・・・・・・ 148
原生花園 ・・・・・・・・・・・・ 5, 21, 29
更新世段丘・・・・・・・・ 54-56, 76, 128
高度経済成長期・・・・・・・・・・・ 64, 68
湖岸帯 ・・・・・・・・・・・・・・・・・ 145
湖岸段丘 ・・・・・・・・・ 58-62, 128-129
湖岸低地 ・・・・・・・・・・・ 53-55, 128
湖岸堤防 ・・・・・・・・ 66, 88, 98, 139
国連環境開発会議 ・・・・・・・・・・・ 144
湖口 ・・・・・・ 9-10, 21-22, 29-30, 134-136
湖沼図 ・・・・・・・・・・・・・ 11, 46-47
湖水浴場 ・・・・・・・・・・・・・・ 41-46
湖底平原 ・・・・・・・・・・・・ 46, 127-128
湖棚 ・・・・・・・・・ 42-51, 61-62, 68, 128
湖棚崖 ・・・・・・・・・・・・・・ 46, 127
湖盆形態 ・・・・・・・・・ 50-51, 127-128
米の生産調整・・・・・・・ 53, 116, 137, 139
コンクリート護岸 ・・・・ 66, 74, 137, 151
コンクリートブロック ・・・・・・・・・ 136

サ行

サイクルツーリズム ・・・・・・・・・・ 151
最終間氷期 ・・・・・・・ 11, 54, 126, 130-131
最終氷期 ・・・・・・ 11, 50-51, 120, 127-128
砂嘴 ・・・・・・・・・・・・・・・ 3, 37-38
砂州 ・・・・ 3-13, 17, 26-35, 37-38, 126, 136, 148-149
砂防堰堤 ・・・・・・・・・・・・・ 28, 136
三角州性扇状地・・・・・・・・・・・・ 95
サンドリサイクル ・・・・・・・・・・・ 28
シジミ ・・・・・・・・・・・ 136, 148, 151

索　引　159

自然再生協議会 ・・・・・・・・・・・・ 145-146
シードバンク ・・・・・・・・・・・・・・・・ 71
砂利採取 ・・・・・・・・・・・・・ 66, 68-71
ジュンサイ ・・・・・・・・・・・・・・・・・ 45
浚渫窪地 ・・・・・・・・・・ 70, 138, 146
消波ブロック ・・・・・・・・・・・・・・ 33, 35
縄文海進 ・・・・・・・・ 8-11, 56, 58, 61-62
条里制 ・・・・・・・・・・・・・・・・・・・ 60
シラウオ ・・・・・・・・・・・ 45, 91, 136
シリア沙漠 ・・・・・・・・・・・・・・・・ 120
人工リーフ ・・・・・・・・・・・・・・・・・ 33
人新世 ・・・・・・・・・・・・・・・ 141-142
水質汚染 ・・・・・・・・・・・・・・・・ 133
水生植物群落地 ・・・・・・ 45, 107, 137
砂浜再生 ・・・・・・・・・・・・・・・ 72-73
製塩 ・・・・・・・・・・・・・・ 32, 41, 60
生態系サービス ・・・・・・・・・・・・・ 133
生物多様性 ・・・・・・・・・・ 133, 144-147
生物多様性条約 ・・・・・・・・・・ 144-145
絶滅危惧種 ・・・・・・・・・・・・・ 70, 147
尖角状三角州 ・・・・・・・・・ 93, 96, 101
扇状地状三角州 ・・・・・・・・・・・・・ 95
前置斜面 ・・・・・・・・・・・・・・・・・ 96
前地形 ・・・・・・・・・・・・・・・ 131-132
潜堤 ・・・・・・・・・・・・・・・・ 28, 33-34
粗朶消波工 ・・・・・・・・・・・・・・・・ 72

タ行

たたら製鉄 ・・・・・・・・・・・・・ 33, 109
多島状三角州 ・・・・・・・・・・・ 110, 140
丹後国風土記逸文 ・・・・・・・・・・・・ 26
淡水レンズ ・・・・・・・・・・・ 7, 15, 148
地球温暖化 ・・・・・ 144-145, 148, 151-152
地形場 ・・・・・・・・・・・・・・・・・ 132
地先干拓 ・・・・・・・・・・・・・ 102, 108
治水事業 ・・・・・・・・・・ 88, 107, 139
抽水植物 ・・・・・・・・・・・・ 45, 65-66
鳥趾状三角州 ・・ 81-91, 95, 97-99, 103-105,
　　　　　　　120-121

調整池 ・・・・・・・・・・・・・・ 114, 135
頂置面 ・・・・・・・・・・・・・・・ 91, 129
沈水植物 ・・・・・・・・・・・・ 45, 65-66
沈水地形 ・・・・・・・・・・・・ 48-49, 91
泥炭地 ・・・・・・・・・・・・・・・ 89, 125
底置層 ・・・・・・・・・・・・・・・・・ 113
締約国会議（COP） ・・・・・・・・ 144, 147
適応策 ・・・・・・・・・・・・・・・・・ 144
鉄滓粒 ・・・・・・・・・・・・・・・・・ 33
天井川 ・・・・・・・・・・・・・・・ 110-114
東西蝦夷山川地理取調図 ・・・ 15-17, 84
突状三角州 ・・・・・・・・・・ 97, 104-105
突堤 ・・・・・・・・・・・・ 28, 33, 72-73
トンボロ ・・・・・・・・・・・・・ 33-34, 37

ナ行

内湖 ・・・・・・・・・・・・・・・ 64, 114
内水氾濫 ・・・・・・・・・・・・・ 118, 148
ナショナルサイクルルート ・・・・・・・ 151
新潟地震 ・・・・・・・・・・・・・・・・ 150
日本三景 ・・・・・・・・・・・・・・・ 3, 26
野口貝塚 ・・・・・・・・・・・・・・・ 56-57
野付崎・野付半島 ・・・・・・・・・・・ 3, 37

ハ行

波食作用 ・・・・・・・・・・・・・・・・ 89
蓮田 ・・・・・・・・・・・・・・・・ 53-54
ハマグリ ・・・・・・・・・・・・・・・・ 57
ハマナス ・・・・・・・・・・・・・・・・ 29
パリ協定 ・・・・・・・・・・・・・・・ 144
パルミラ盆地 ・・・・・・・・・・・・・ 120
ヒシ ・・・・・・・・・・・ 45, 83, 85, 91
常陸国風土記 ・・・・・・・・・・・ 41, 60
ヒヌマイトトンボ ・・・・・・・・・・・ 147
ヒューマンインパクト ・・・・・・・・ 133
広畑貝塚 ・・・・・・・・・・・・・・・・ 60
浜堤 ・・・・・・・・・ 33, 58-59, 76-77, 96
富栄養化 ・・・・・・・・・・・・・ 66, 133

複合砂嘴 · · · · · · · · · · · · · · · · · 37
舟（船）溜まり · · · · · · · · · · · · 68, 134
浮遊懸濁物質 · · · · · · · · · · · · · · · · 89
浮葉植物 · · · · · · · · · · · · 45, 65-66, 70
プラヤ · · · · · · · · · · · · · · · · · · · 120
プランクトン · · · · · · · · · · · · · 89, 151
分岐砂嘴 · · · · · · · · · · · · · · · · · 3, 37
分岐流路 · · · · · · · · · · · · · 88, 116, 140
防潮水門 · · · · · · · · · · · · · · · · · · 135
ホタテ · · · · · · · · · · · · · · · · · · 5, 57
北海道遺産 · · · · · · · · · · · · · · · · 16, 29

マ行
埋没谷 · · · · · · · · · · · · · · · · 127-128
まきだて田 · · · · · · · · · · · · · 101-102
マコモ · · · · · · · · · · · · · 45, 81, 145
松浦武四郎 · · · · · · · · · · · · · · · 15, 84
マッドランプ · · · · · · · · · · · · 111-113
ミシシッピ川 · · · · · · · · · · · · 81, 113
水資源開発 · · · · · · · · · · · · · · · · 66
美保松原 · · · · · · · · · · · · · · · · · · 3
明応地震 · · · · · · · · · · · · · · · · 29-30
藻塩焼 · · · · · · · · · · · · · · · · · · 41

ヤ行
弥生の小海退 · · · · · · · · · · · · · · · · 49
弓ヶ浜 · · · · · · · · · 4, 12, 33-34, 126, 138
養浜事業 · · · · · · · · · · · · · · · · · · 28
ヨシ原 · · · · · · · · · · · · 83, 107, 116, 139

ラ行
ラムサール条約 · · · · · · · · · · · · · · 147
離岸堤 · · · · · · · · · · · · 26, 33-34, 136
龍宮街道 · · · · · · · · · · · · · · · · 9, 29
レンコン · · · · · · · · · · · · · · · · · · 53
連続堤防 · · · · · · · · · · · · · · · · 65, 86
ロープ · · · · · · · 81, 85, 88-91, 98-99, 121

ワ行
ワイズユース · · · · · · · · · · · · · 147-148
ワカサギ · · · · · · · · · · · 45, 91, 136, 145
ワジ · · · · · · · · · · · · · · · · · · · 120
ワッカ · · · · · · · · · · · · · 5-9, 15, 20, 24

【著者紹介】

平井 幸弘（ひらい ゆきひろ）

1956 年　長崎県生まれ
1985 年　東京大学大学院理学系研究科 地理学専門博士課程 単位取得
現　在　駒澤大学文学部教授、博士（理学）

主な著書

『風景のなかの自然地理』（共著）古今書院、1993 年
『湖の環境学』古今書院、1995 年
『海面上昇とアジアの海岸』（共編著）古今書院、2001 年
『水辺の環境ガイド－歩く・読む・調べる』古今書院、2005 年
『温暖化と自然災害－世界の六つの現場から－』（共編著）古今書院、2009 年
『ベトナム・フエ ラグーンをめぐる環境誌－気候変動・エビ養殖・ツーリズム－』古今書院、2015 年

書　名	**湖の地形学** – 海跡湖の起源とヒューマンインパクト
コード	ISBN978-4-7722-8127-0　C1040
発行日	2025（令和 7）年 2 月 28 日　初版第 1 刷発行
著　者	**平井幸弘** Copyright © 2025 HIRAI Yukihiro
発行者	株式会社 古今書院 橋本寿資
印刷所	株式会社 太平印刷社
発行所	株式会社 古今書院
	〒 113-0021　東京都文京区本駒込 5-16-3
電　話	03-5834-2874
FAX	03-5834-2875
URL	https://www.kokon.co.jp/
	検印省略・Printed in Japan

ベトナム・フエ ラグーンをめぐる環境誌

平井幸弘 著

A5 判　2,530 円
ISBN978-4-7722-7138-7
2015 年発売

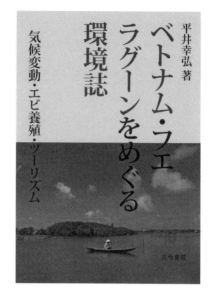

ベトナム中部古都フエの海岸地帯は、気候変動の影響で洪水頻発、海岸侵食、塩水侵入などの環境変化が懸念される。一年間の滞在調査をもとに海岸地帯の住民の水利用やエビ養殖の実態、様々な環境問題を報告する。カラー写真やコラムを交え読みやすい。フエ王城の観光にも触れる。

【主な目次】
Ⅰ：気候変動、海面上昇への対応
　　1999 年のベトナム中部大洪水／移転を迫られる人々／
　　削られるビーチリゾート／砂に埋もれたチャムタワー
Ⅱ：持続的エビ養殖に向けて
　　フエのラグーンで何が起こっているのか／タムジャンラグーンでのエビ養殖の拡大と環境問題／砂丘上の大規模エビ養殖／近郊農村の安全野菜栽培と水問題
Ⅲ：新たなツーリズムの芽生え
　　ベトナムのラムサール湿地とタムジャンラグーン／伝統的集落の再生とツーリズム／
　　フオン川の中州の村へ／身近な水辺の再発見

表示価格は税込み（税 10%）です

海面上昇と
アジアの海岸

海津正倫・平井幸弘 編

A5 判　2,750 円
ISBN978-4-7722-3012-4
2001 年発売

　地球温暖化防止政策に科学的な基礎を与えることを目的とした政府間パネル IPCC は、3 次レポートを出し、「温暖化には人為的な関与が明確となり、すでに生態系への影響が出ている」と指摘。今後 100 年に気温が 1.4 〜 5.8 度上昇し、海面が 9 〜 88 cm 上がると予測している。海岸沿岸域では侵食など問題が発生している。本書は海岸工学、都市計画、地質学など隣接分野からの報告も加えて、海岸環境の現状と将来予測について多面的に議論した日本地理学会 75 周年記念シンポジウムのまとめであり、学際的かつ実証的な研究成果をおさめる。環境変化に対する自然と社会の応答を含め、各地域の将来予測と対応策まで議論。

【主な目次】

第 1 部：多様な海岸域における海面上昇の影響
　　　　（デルタ／マングローブ／サンゴ礁／砂浜海岸）

第 2 部：都市地域における海面上昇の影響（東京湾／大阪湾／マニラ首都圏）

第 3 部：海面上昇の影響予測評価と対応戦略
　　　　（脆弱性／原単位法／ソンクラー湖／ IGBP-LOICZ の活動）

表示価格は税込み（税 10%）です

いろんな本をご覧ください
古今書院のホームページ

https://www.kokon.co.jp/

★ 800点以上の**新刊・既刊書**の内容・目次を写真入りでくわしく紹介
★ 地球科学やGIS，教育など**ジャンル別**のおすすめ本をリストアップ
★ **月刊『地理』**最新号・バックナンバーの特集概要と目次を掲載
★ 書名・著者・目次・内容紹介などあらゆる語句に対応した**検索機能**

古 今 書 院
〒113-0021　東京都文京区本駒込 5-16-3
TEL 03-5834-2874　　FAX 03-5834-2875

☆メールでのご注文は　order@kokon.co.jp　へ